意識はどこからやってくるのか

信原幸弘
Yukihiro Nobuhara
渡辺正峰
Masataka Watanabe

ハヤカワ新書 040

まえがき

この本は哲学者の私（信原）と神経科学者の渡辺さんが、意識について対話した記録です。意識とは何か、どのようにして生まれるのか、人間の意識は機械に移すことができるのか、などの問いに、それぞれの立場から答えを探っています。

対談は「意識研究会」の活動の一環として行われました。意識研究会は、意識という究極の問題を問い、広く語り合う文化を日本に巻き起こすために、私が二〇二三年に立ち上げた団体です。なぜ意識が究極の問いなのかというと、そこには答えがないように思われるからです。意識について語り合ったとしても、少なくとも現段階では、何らかの正解にたどり着くことはありません。正解のない問いを問うていく、果てしない議論になるでしょう。たとえ共通の合意に達したとしても、それは仮の合意であり、すぐまた新たな疑問が始まります。いや、それどころか、そもそも問いが適切かどうかも分からないので、問いの適切さをも問うということになるでしょう。

　個人的な話をすれば、意識の問題に心を奪われたのは、二〇代後半の大学院生のときでした。まぶたを押さえると、眼の前のバナナが二本に見える。一本のはずなのに、二本に見える。この二本に見えるバナナとは、いったい何なのか。実物のバナナであるはずはない。では、意識に現れる幻か。だが、幻とは何だろう。……一本のバナナが二本に見えるという何の変哲もない経験が、じつは実在と意識をめぐる深遠な哲学的問題をありありと示していることに気づいたのです。以来四〇年にわたって、私はこの問いを問い続けています。

　一方、この本の対談相手である渡辺さんは、近い将来にマインドアップローディングを実現すると宣言しています。マインドアップローディングとは、人間の意識を機械に移すことで、不死を実現するという考えです。もともと哲学的に興味深い考えだと思っていました。渡辺さんの著書『脳の意識　機械の意識』（中公新書）を読んで、その技術的な根拠や可能性に感銘を受け、その提案は現在の脳科学および人工知能の技術段階の状況をよく見据えたうえでの技術選択であり、ひょっとしたら結構早くマインドアップローディングは実現可能なのかもしれないと思わされました。

私が渡辺さんを意識研究会の最初のゲストとしてお招きしたのは、そんな渡辺さんの考えに対して、哲学者としてどのように反応すべきか、どのように批判すべきか、どのように賛成すべきかを考えてみたいと思ったからです。

意識とは何か、という問いは西洋ではとくに近代になって盛んに論じられてきました。とりわけ私が専門とする「心の哲学」の領域では、脳科学の発展とも関連して、ここ数十年来、重要なテーマであり続けてきましたが、渡辺さんの念願がかなって意識のアップロードが実現したとすれば、そこでもまたさまざまな哲学的な問題が浮上します。

たとえば、自己同一性の問題。アップロード後の「私」は、アップロード以前の「私」と同じ私といえるのか。あるいはアップロード者として人類が永遠の生を得るとき、既存の価値観はどのように書き換わり、どのような社会設計が目指されるのか。これは翻って、私たちにとっての幸せ、ウェルビーイングとは何かを問うことにもなるでしょう。

本書ではこうした問いについて、様々な角度から議論しました。その過程で、私たちは互いの考えに対して、ときには賛同し、ときには反論し、疑問を投げかけました。両者が拠って立つ科学と哲学の、根本的な違いが明らかになる局面もありました。しかし、それは決して敵対的なものではなく、むしろ協力的なものでした。意識という究極問題に対して、少しでも近づくことができたと信じています。

知性と繊細な情動を備えた人間は、予測不可能な仕方で新たなものを不断に創造し続けています。創造というのは、生命の本源的な活動の中でも、最も生命らしい生き生きとした活動です。そして、そのような人間の活動の中でも「究極の問いを問う」ことは、人間の生にとって最も素晴らしい「善いあり方」だと、私は考えています。究極問題を語り合うことは、実利的な関心を離れて、精神本来の自由な境地に立ち帰ることです。

読者の皆さんも、ぜひ、私たちの対話に参加していただき、意識という究極問題について、自分なりの想いや考えを抱いてください。そして、その考えを、他の人とも共有し、議論し、発展させていただけたら、私は嬉しく思います。

信原幸弘

目次

取材・構成／寒竹泉美
本文イラスト／ヤギワタル

第一章
意識という「究極の問い」を問う

コウモリは世界をどう知覚しているのか

信原　これから渡辺さんと議論を進めていくにあたって、まず、意識とは何かという話は避けて通れません。意識という言葉の意味も非常に広いので、これを読んでいる方も、各々異なったものを思い浮かべているかもしれませんが、私や渡辺さんが話題にしている意識とは、何かを見たり聞いたり（知覚経験）感じたり（感覚経験）したときに、自分の中に主観的に現れる意識体験のことです。感覚質（クオリア）と呼んだりもします。

痛みというのも意識体験ですし、もっと素朴に、目の前に赤いリンゴがあったとして、そのリンゴが見えていることがすでに主観的な意識体験です。赤いリンゴを見ると、脳は網膜から入ってきた信号に従って情報処理を進めますが、そのとき私たちは赤いリンゴが見えているという独特の感じを味わっています。その感覚は青いリンゴを見たときとは違う主観体験です。

哲学者のトマス・ネーゲルという人が「What Is It Like to Be a Bat?（コウモリであるとはどのようなことか）」という論文を書いて、非常に有名になりました。コウモリは人間と同じほ乳類ですが、空を飛び、口から超音波を出してその反響音で世界を知覚しています。我々人間が光を使って世界を視覚的に認識しているのとはまったく違う世界が、コウモリにはきっと開けているはずです。そのコウモリの知覚的な世界のあり方が「どのようなことか」、私たちはいくら想像しようとしても想像できず、知ることができません。

そういう、第三者が決して知ることのできない主観的な経験が意識であり、それが「どのようなことか」というわけです。日本語としてはあまりピンとこない表現ですが、英語ネイティブの人にとっては、「what is it like」というのはよくわかる表現のようです。

渡辺　僕は同じ論文の「something that it is like to be（それになってこそ味わえる感覚）」を引用して説明することが多いのですが、この主観的な意識体験については、なかなか伝えるのが難しいですね。意識の最も不思議で面白い部分なのですが、何をしても意識が伴うことがあまりにも当たり前なので、なかなか不思議さを感じてもらえません。

でも、考えてみてください。最近のスマートフォンのカメラは非常に高性能ですが、主観的な意識体験という意味での視覚がそこに生じているかといえば、生じていないでしょう。ではなぜ、僕たちの脳には意識が湧いているのか。脳もまた、細胞という物質の塊にすぎないのに。

信原　哲学者のデイヴィッド・チャーマーズは意識に関する問題を、脳科学の発展によってその解決が期待される「イージープロブレム」と、そうではない、物理的な説明がそもそも可能かどうかから問わなくては答えられない「ハードプロブレム」に分けました。

用語解説

意識のハードプロブレム

哲学者デイヴィッド・チャーマーズは意識に関する問題を「イージープロブレム」と「ハードプロブレム」に分け、意識がどのような働きをするかということは科学の発展によって解き明かせるイージープロブレムだが、物質である脳からなぜ主観体験である意識が生まれるのかという問題は、意識の機能が解明されてもなお残る、解き明かすことが難しい問題（ハードプロブレム）だと主張した。

渡辺　なぜ、僕たちの脳に意識のような現象が生じるのかということは、ハードプロブレムですね。

信原　そうですね。科学の手段だけでは解き明かせない根本的な問題です。意識は人間らしさの根本をなすものです。脳が意識を生み出していなければ、何を眼にしても何を耳にしてもただ情報伝達が行われるだけで、私たちは見ることも聞くこともできません。そこに「私」が存在しなくなるわけです。しかし生物としての私たちは、意識のようなものがなくても、生存していくことが可能なように思われます。それなのに、なぜ意識が脳に生じるのか、考えれば考えるほど不思議です。

ハードプロブレムを〝ノンハード化〟する

信原　意識をめぐる問題は、いわば「究極の問い」だと思います。ここで究極と呼んでいるのは、すなわち、最終的な答えがないかもしれない問いだということです。それでも私は、ハードプロブレムを何とか解決したいと思って、意識の研究を始めました。渡辺さんは意識を科学の方法で解き明かそうとしているわけですよね。

渡辺　そうですね。意識という、科学ではなかなか切り込めなかった大きな問題に、見て見ぬふりをするのをやめて挑んでみようとしているところです。

信原　脳で起こっていることは、電気信号の伝達であったり、あるいはシナプスを介した神経伝達物質の受け渡しであったりと、純粋に物理的な事柄にほかならないわけです。しかし、ネーゲルの言う意味での主観的な経験としての意識は、純粋に物質的なものではないように見えてしまいます。

主観的、つまり本人にしか、それがどういうふうになっているのかわからない。振る舞いや表情から他人が推察するということは可能だとしても、直接は感じ取ることができません。一方、脳の活動は様々な方法で計測でき、本人だけでなく、他の人も同じように知ることができるというあり方をしています。

一人称的で主観的なあり方をする意識と、三人称的で客観的なあり方をする脳には、根本的な違いがあります。このような根本的な違いがあるにもかかわらず、なぜ、脳がある特定のあり方をしたときに、ある一定の主観的な経験が生じるのか。この両者の関係はどうなっているのだろうかという問題が生じます。

この関係をどう解いていくのかというのが、まさに哲学の「心身問題」です。いろいろな議論があって、哲学の問題にはよくあることですが、なかなか決着がつかないわけですけれども。

　とりあえず言えることは、脳の一定の活動には、一定の意識的な主観経験が伴うんだということだと思います。脳の活動によって、意識的な主観経験が「引き起こされる」というような因果的な含みはいったん棚上げしておいて、相関はあると言えそうです。

渡辺　はい、そこまでは言えますよね。ただ、たとえ相関があることはわかっても、因果関係はわからない。これを解明しようとすると、どうしても従来の科学からはみ出してしまいます。相対性理論にしても、DNAの二重らせん構造の発見にしても、客観と客観を結びつけたものです。しかし、意識の科学はそうではありません。主観という、科学の土台に載りにくいものが主役だからです。

　では、科学者は指をくわえて見ているしかないのかというと、そうではないんじゃないかと考えています。僕のとっている方法は、意識の科学に「自然則」を導入するというう、ある種の割り切りを行うことです。自然則というのは、たとえば「光速度不変の原理」のように、この宇宙ではそういう法則が成り立っているとしか言いようのない自然の原理のことです。

用語解説

光速度不変の原理

アルベルト・アインシュタインの特殊相対性理論の基本的な前提の一つ。この原理によれば、光の速度は観測者の運動状態に関係なく、常に一定（毎秒約三〇万キロメートル）である。この原理は、時間や空間の概念を根本的に変え、時間の遅延や長さの収縮といった現象を説明する。

この法則に基づくと、光の速度を一定にするために時間が止まってしまうといった、常識に反したことが起こるわけですから、ずいぶん変態的な原理です。しかしこれは、アインシュタインが提唱したのちに、実験的に証明されました。ポイントは、それが正しいことが証明されたのちに、なぜ正しいかを問うても意味がないということです。この宇宙はそうなっている、としか言いようがありません。

それと同じように、意識の科学にも自然則を導入します。私たちの脳がしかるべき活動をしたら意識を生み出す、といった自然則です。もちろん、言うだけなら誰でもできるので、本当にそういう自然則が成り立つのか、また、どういう条件なら成り立つのかを実験的に明らかにするために、意識の湧く機械の開発をとおして探究しようとしています。

自然則を置くことによって、ハードプロブレムを〝ノンハード化〟することができます。自然則こそが、脳の客観的動作と脳に生じる主観を問答無用で結びつけてくれるからです。なぜ物質である脳に意識が生じるのかというハードプロブレムに答える必要がなくなります。なぜ光速が一定であるかという問いには答えがなく、また答える必要がないのと同じように、まさに宇宙はそうなっている、としか言いようがありません。自然則の導入により、指をくわえて見ていることしかできなかった意識を神秘の椅子から引きずり下ろして、科学的に扱うことができるようになると考えています。

信原　自然則を置くことで、意識に対する科学的な探究が進んでいくわけですね。その探究が進んで、意識の生じるメカニズムがわかってきたら、そこから「なぜ」の答えにつながるヒントも出てくるかもしれません。そういった意味でも、私は渡辺さんの研究成果を楽しみにしています。私のような哲学者は、自然則を置いて終わりというだけではなく、その先を考えたくなってしまうのです。自然則が正しいと証明されれば意識のハードプロブレムは問うても意味がない問題だというのは、そのとおりなのかもしれませんが、問うても仕方がないと思われることを敢えて問うて、何とか謎を解こうするわけです。哲学者は暇ですねと言われてしまいそうですが（笑）。

物理的な脳に生まれる主観的な意識と物理的な脳の活動、つまり主観面と客観面がなぜ自然則が成立するような関係にあるのか。自然則が正しくて必ずそうなるのだとしても、そのうえで、両者にはどういう関係があるのかということまで知りたいわけです。

マインドアップローディングとは何か

信原　意識をどのようなものとして捉えるか、というのはそれ自体が重大な問題ですから、本書を通じて議論を深めていければと思いますが、いったん渡辺さんが取り組まれている「マインドアップローディング」の話題に移りましょう。

読者のみなさんが一番気になるのは、そんなことをどのような方法で実行するのか、本当に実現可能なのかというところだとは思いますが、まずは簡単に言葉の定義を確認しておきましょう。

マインドアップローディングとは、文字通りマインドをコンピュータにアップロードするということですね。マインドとは何かということにもいろいろと議論がありますが、自分の心をコンピュータに移すことだと、とりあえずは言っておきたいと思います。

当然ながら、ＵＳＢメモリでパソコンからパソコンへデータを移すように心をコンピュータへ移すことはできませんから、簡単な話ではありません。では、どうやって移すのかということを考えると、心とは何かという問題に突き当たります。ですが、とりあえずそこには深入りしないで、渡辺さんの考えるマインドアップローディングの定義を確認しておきたいと思います。

渡辺　僕の考えるマインドアップローディングは、生身の体が働かなくなって――つまり普通の意味で死を迎えても、機械の中で生き続けることを可能にするための技術です。そのためには「私」が機械に移行する必要があります。イメージをわかりやすく伝えるために意識をアップロードすると言っていますが、正確に言えば、意識、無意識を含む、脳の情報処理のすべてを機械に移すことで、その機械にも意識が宿ることを期待するものです。

信原　機械の中で生き続けるというのは、どういうイメージでしょうか？

渡辺　思念だけの存在になってデジタルデータとして保管されるとか、幽霊のようにデジタル空間を漂うとか、そういう特殊な状態ではないということを最初に言っておきたいと思います。

マシンの処理速度やサーバー容量などが発展していけば、最終的には、今僕たちが生きている世界と同じような形で、デジタル空間で生きていくことができると考えています。また、一〇〇年とか二〇〇年とかの、それなりの期間がかかるかもしれませんが、デジタル空間にいながら、今僕たちが暮らしているこの生身の世界とやりとりすることも可能になるでしょう。

マインドアップローディングという考えに初めて触れた人に、アップロード後の世界を想像してもらうために、僕はいつも二段の補助的な階段を用意します。一段目は「環境のデジタル化」で、二段目は「身体のデジタル化」です。それらを理解してもらえば、最後の段である「脳のデジタル化」、すなわちマインドアップローディングされた状態のイメージにたどりつきやすくなるはずです。

一段目の環境のデジタル化は、いわゆるバーチャルリアリティ（ＶＲ）です。専用のゴーグルや手袋などを装着してバーチャルな空間を現実のように感じさせる技術は、現在でもすでに実現されつつあります。ＶＲは環境をデジタル化して、デジタル化された環境が生身の肉体と相互作用している状態です。僕たちはデジタル化された環境情報を、ゴーグルをとおして生物的な身体（視覚の場合は網膜）で受け取り、生物的な脳で処理します。実際には身体は狭い部屋の中で椅子に座っているだけだとしても、デジタル情報がジャングルの木々や動物や日差しといった環境を作り出し、適切な機器を介して身体に情報を与えることができれば、僕たちはジャングルの中にいる感覚をもつことができます。

現在のＶＲ技術ではまだ完全な没入感は得られませんが、手袋だけでなく、全身スーツのようなものを着て、ゴーグルやヘッドセットだけでなく、味覚や嗅覚にも信号を送れるようなデバイスが開発されて、性能が上がっていけば、現実と見分けがつかないようなものになるでしょう。

次の段が身体のデジタル化です。一段目では、脳に入ってくる情報は生身の身体を介したものでした。目や耳や皮膚などがデジタル情報を受け取って脳に送っていたわけです。今度はこの身体もデジタル化します。つまり、脳に直接、身体を介さずに情報を届けます。デジタルな環境の情報を仮想のデジタル身体が受け取り、そのデジタル身体の反応をシミュレートした結果が脳に送り届けられます。

これは、映画「マトリックス」で描かれた状態です。マトリックスでは首の後ろに機械とつなぐためのコードの差込口があって、そこにコードをつなぐと脳と機械が直接つながって、デジタル空間、つまりマトリックスに入ることができます。マトリックスの世界は、僕たちが暮らしている世界とそっくりです。そこで働いたり、物を食べたり、眠ったりして生活をしているわけです。実際の身体はカプセルの中に保管されているのですが、身体が脳に送る情報も機械が担うことで、身体への入力がなくても、デジタル環境の中でデジタル身体をもって「生きて」いくことができます。実際に首の後ろにコードを挿してこんなことができるかどうかはさておき、概念としてはちょうどぴったりの例になります。

　そして、最後が脳のデジタル化です。二段目までは、生身の脳への入力を話題にしていました。後述するようにその脳の意識を機械に移し、マインドアップローディングに成功したとしましょう。そうすると、デジタルで作られた環境を、デジタルで作られた身体で感じ取り（感じ取った状態がシミュレートされ）、デジタルな脳にその情報が送り込まれることになります。身体のデジタル化の段で、マトリックスの世界のように、デジタル空間でも僕たちが生きている世界と同じように生活できることを想像できた人は、この最後の段もスムーズに上がれるはずです。

信原　アップロード後も今と同じように生きられるというイメージはよく伝わりました。ただし、デジタル世界は設定次第で何にでもなることができるので、今とまったく異なる生き方をするという選択肢もあり得ます。環境を自由に変えることもできますし、容姿や身体能力も変更可能です。痛みや苦しみの入力を取り除くということも考えられるでしょう。自由度が高いぶん、どのように生きるのがよいのかということが問題になってきますが、これは本書の後半で考えることにしましょう。

渡辺　そうですね。今はとりあえず、アップロードしたのちにも、僕たちの生きている世界と同じような環境で生きることができるというイメージが伝わればよいと思います。

マインドアップローディングの方法

渡辺　どんどん話が膨らんでしまうので、先に僕のマインドアップローディング計画を簡単に説明してしまうと、次のようになります。

①死後脳の解析と機械学習をもとに意識が湧く機械を作る
②ヒトの脳と①の機械をつないで両者の意識を一体化する
③一体化した意識を利用して、ヒトの脳の記憶を機械に移していく

マインドアップローディング構想

①死後の脳を解析してニューロンの配線をコンピュータで再構築

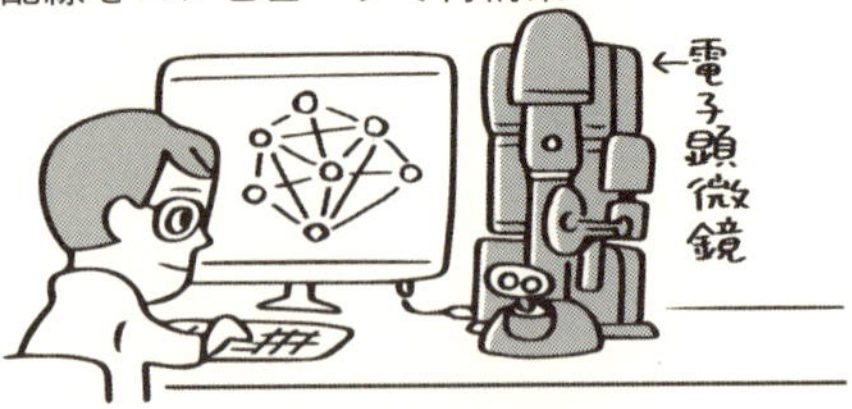

②生成モデルに基づき学習をかける

③脳梁を切断して分離脳を作り、脳梁部分に BMI を埋め込む

④ BMI を介して生体の脳半球と機械の脳半球をそれぞれつなぐ

⑤二つの独立した意識が生まれる

⑥一体化した意識を利用して記憶を転送する

⑦生体脳が機能停止したら、機械脳同士を接続

⑧マインドアップローディング完了

アバターを使って
物理空間で暮らす

デジタル空間で暮らす

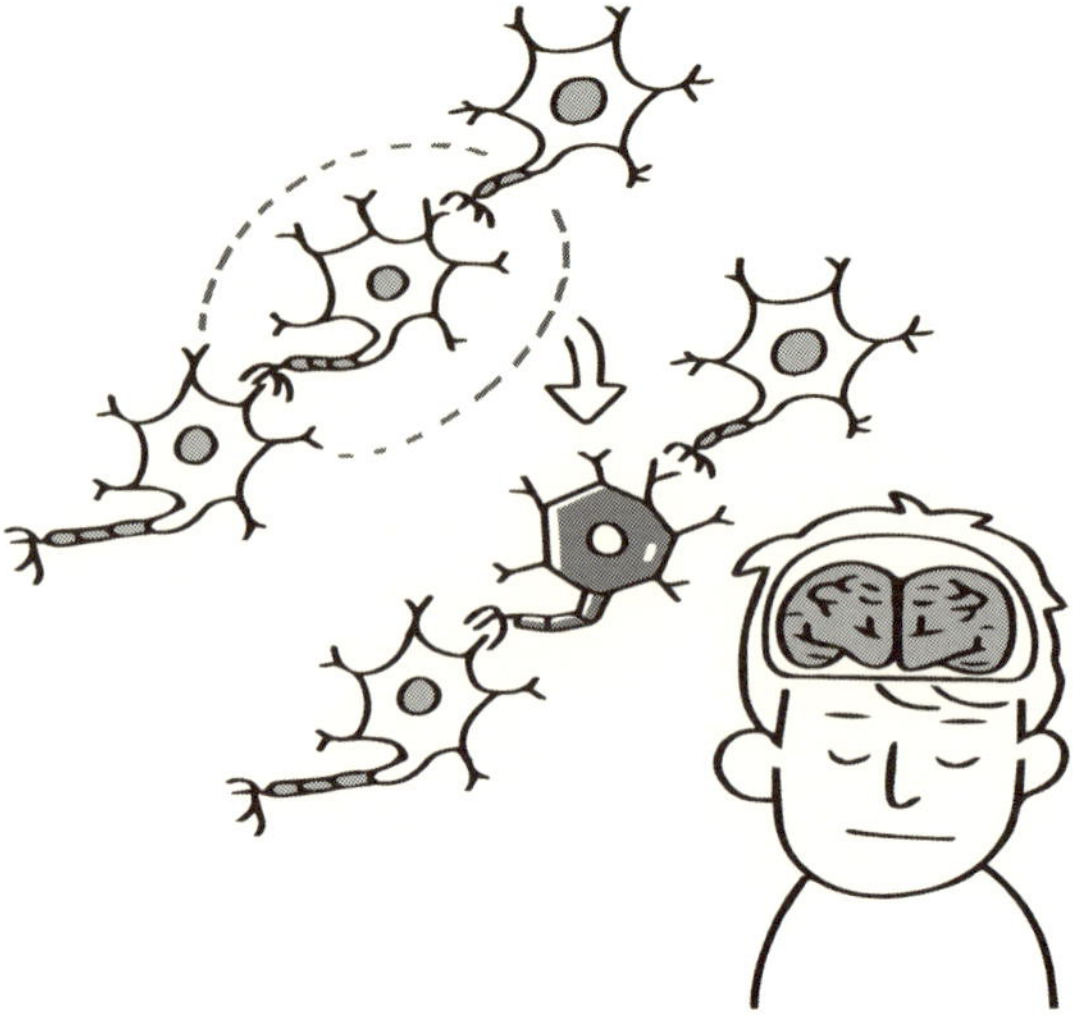

チャーマーズの思考実験「フェーディング・クオリア」

この方法については、信原さんも実現可能性があると認めてくれたわけですよね。

信原　そうですね。渡辺さんの著書を読んで、マインドアップローディングは案外早く実現するのではないかと思わされました。脳の機能的な基盤を、機械においても再現することができれば、それでマインドアップロードができると私も考えます。

渡辺　僕と信原さんは、いくつかのスタンスの違いはあるかもしれませんが、意識をもつ人工物を作ることができるという点については共通していますよね。生体の脳や神経細胞でなくても、同じ機能を果たすものであればシリコンや機械でも構わない。僕はこのことをよくチャーマーズの思考実験「フェーディング・クオリア」で説明しています。

用語解説　**フェーディング・クオリア**

哲学者デイヴィッド・チャーマーズが提唱した思考実験。ある人の脳の中のニューロンを、機能的に同じシリコンチップに徐々に置き換えていった場合、その人の意識は徐々に消失するだろうか。チャーマーズは、単一のニューロンの置き換えによって意識経験が消えることはなく、それゆえ単一のニューロンを次々と置き換えていって最終的にすべてのニューロンがシリコンチップになっても、意識経験が消えることはないと主張している。

ニューロンが僕たちの脳の中で何か科学では説明できないような特別なことをしているかといえば、そうではありません。単純に言ってしまえば、他のニューロンからの信号を受け取り、次のニューロンに送っているだけです。その機能を完全に模した、つまり信号の入出力を完璧に再現するシリコンチップに置き換えても、他のニューロンは気づかないはずです。一つ置き換えても変わらないのであれば、二つ三つと増やしていって、脳内のニューロンがすべてシリコンに置き換わっても意識は生じたままです。

実際にはヒトの脳内にあるニューロンを機能的に完全にシリコンに置き換えるということは実現不可能なので、僕は別の方法で意識が湧く機械脳を作るわけですが、フェーディング・クオリアは、機械でも意識を生み出せることをわかりやすく想像させる思考実験だと思います。

自分の脳で機械の意識を確かめる

信原　渡辺さんは、もともと意識が湧く機械を作る、つまり人工意識を作ることで意識を研究しようとしていて、それがマインドアップローディングの構想につながったわけですよね。

渡辺　はい。マインドアップローディングは、意識の謎を解き明かすために考えた科学的手法の副産物です。行動によってある程度類推できる感情や記憶とは違って、意識は内面にしか現れないため、動物やヒトで研究をするには限界があります。そこで意識が湧く機械を作ることができたら、研究の幅は大きく広がります。機能の一部を止めたり改造したりして、意識が湧くには最低限何が必要なのかを探究することもできます。ただ、そのためには、作り上げた機械に意識が湧いているということをどうにかして確かめる必要があるのですが、そこに意識は主観でしか確かめられないように思われるという問題が立ちはだかります。

信原　そうですね。本当に主観でしか確かめられないかどうかは、ハードプロブレムにつながる問題になり、まだ結論は出ていません。ですが、今のところは、客観的に確かめる方法はありません。

渡辺　ですから、機械の意識を確かめようと思えば、それが客観的にも確かめることができるという結論になることに賭けるか、他の方法を考えるしかありません。私がやろうとしているのは後者です。機械の意識の存在を主観的に確かめるのです。

信原　それができれば、ハードプロブレムを解く必要がなくなるわけですが、主観的に確かめるといっても、自分が機械になってみることはできないわけですよね。

渡辺　もちろんです。じゃあ、どうするかというと、僕の主観体験を生み出している脳と、意識が湧いている機械をつなぎ、自分の脳で機械の意識を確かめます。

それも、ただつなげばいいわけではありません。たとえば、身体のデジタル化のときに機械を脳に直接つないで身体情報や環境情報を入力する設定を考えましたが、あの場合は機械の入力を自分の脳の意識で感じているだけです。機械にもし意識が湧いていたとしても、その機械の意識を自分の意識と区別して検出することは難しいでしょう。

ではどこでつなげばいいかというと、右脳と左脳をつなぐ脳梁《のうりょう》です。それも、脳梁を切断したうえで、ＢＭＩでつなぎます。

用語解説

ＢＭＩ（Brain Machine Interface）

脳をコンピュータや義足などの外部デバイスに電気的に接続するテクノロジーのこと。手術によって脳に小型の機械を埋め込む侵襲型ＢＭＩと、手術の必要がない非侵襲型ＢＭＩがある。

脳梁を切断すれば分離脳と呼ばれる状態になりますが、生存には問題がありません。実際に病気の手術のために分離脳となって暮らしている人もいます。ただし、何の問題も起こらないかというとそういうわけではなくて、脳梁が切断された分離脳患者は、この左右の脳で情報共有ができなくて、自分の中に別人がいるような、つまり意識が二つあるような状態になります。

信原　脳梁を切断することで、意識が二つある状態を再現するわけですね。

渡辺　はい。そのうえで、脳梁を切断し、その隙間に挟み込んだＢＭＩを介して生体の脳半球と機械の脳半球をつなぎます。

信原　両者をつないでしまうと、機械の意識と自分の意識をどうやって区別して確かめるのでしょうか？

渡辺　分離脳の二つの意識はそれぞれ独立しています。どちらかが主人でどちらかがそれに従う従者というわけではなく、左右どちらも主人なのです。僕はこれを意識のマスター・マスター制約と呼んでいます。このマスター・マスター制約を逆手にとって、確かめるのです。

用語解説 **分離脳**

右脳と左脳は脳梁と呼ばれる神経線維の束でつながって、密に連携をとり合っている。この脳梁が切断された状態の脳を分離脳という。脳梁が切断されていても致命的な症状が出るわけではなく、多くの患者は日常生活を送ることができる。重度のてんかんの治療のために、脳梁を切断する手術が行われることもある。分離脳になると、右脳と左脳の連携が失われるため、左手と右手の動きが調和しなくなる症状が出たり、ある対象が左視野に提示されたときに、その対象が何であるかを言葉で答えることができなくなったりする。これは、左視野に提示された対象からの視覚刺激が脳の右半球へ伝えられても、右半球は言語情報を処理することができないためである。しかし言語を介さず、手で物をつかんだり、絵を描いたりして答えることはできる。

マスター・マスター制約は左右の脳半球が結ばれている通常の脳では、ほぼ意識されることがありません。左右のマスター同士が緊密に連携をとっているからです。しかし、視覚に関しては左右の情報処理が途中まで独立しているために、片方の脳だけに視覚情報を送り込むといったことが可能になります。

生体脳半球と機械脳半球を接続し、生体脳半球の持ち主が、機械脳の視野も含めて見えてしまったら、そのときには機械脳半球にもマスターとして意識が宿り、それが生体脳の持ち主の意識と一体化したと結論せざるを得ないわけです。

信原　機械脳に意識が湧いていなかった場合は、いくら視覚刺激を入れても「見えて」はいないわけですから、生体脳にもその「見える」という意識体験は共有されないというわけですね。

渡辺　はい。意識とは何かということに関わってきますし、僕がいつも人に話すときになかなかわかってもらえないポイントですが、何か物が見えているということ自体が意識体験なのです。脳のニューロン（神経細胞）が情報を処理していくだけでなく、見えているという感覚がなぜか僕たちの中に生じてしまう。これが意識の不思議なところです。

盲視と呼ばれる症状をもつ患者は、視覚的意識が生じていない、つまり「見えて」いないけれど、脳は情報処理を進めているという状態になります。その場合、盲視患者は何も見えないのに身体が勝手に反応しているといった感覚をもちます。

用語解説 **盲視**

脳の視覚野の一部が損傷して視覚的な意識が失われているにもかかわらず、ある程度正しく視覚刺激に反応できる現象のこと。盲視患者自身は、何も見えていないと感じていても、その脳では視覚刺激の情報処理は行われている。そのため、本人はあてずっぽうのつもりで指さしたのに光点の位置を当てたり、本人は見えていないのに障害物を避けて歩いたりできることが報告されている。

生体脳の左半球と機械脳の右半球をつないで、機械脳の右半球にだけ視覚情報を送り込む。もし機械に意識が湧いていて、その視覚刺激を「見る」ことができているのなら、その感覚はＢＭＩを介して僕の脳の左半球の高次の情報処理層に伝わり、機械の視野を「見る」ことができるはずです。しかし、機械に意識が湧いていなければ僕は何も見えないでしょう。これが僕の考えた機械脳半球・生体脳半球接続による人工意識の主観テストです。

制作は最高の理解である

信原　見えたか見えないかというテストなので非常にシンプルですね。これを行うためには超侵襲的なＢＭＩを脳に入れなくてはならないわけですが、そのあとに、マインドアップロードができるというのなら、死にたくないという人にとってはあり得る選択なのでしょうね。私はお断りしますが（笑）。

渡辺　僕も手術をするとしたら人生の終盤、余命宣告を受けてからにしますけどね。しかし、脳梁を切ってＢＭＩを埋め込むのは、ニューロンの状態を考えると実はそれほどひどい方法ではありません。最近、ＢＭＩの臨床試験を始めたニューラリンク社の電極は、大脳皮質の灰白質という、ニューロンの本体である細胞体がぎっしり詰まっているところに埋め込みます。細胞体のあるところに押し込んでしまうと、やはりニューロンは損傷を受けたり死んだりします。

また、細胞体が集まっている灰白質では特定の細胞だけ狙って電気刺激を与えることが難しく、情報を書き込もうとしても解像度はかなり低くなるという問題があります。

ニューロンは細胞体から神経線維が伸びた形をしていますが、実際に情報のやりとりをしているのは神経線維同士なので、細胞体の集まっている灰白質に電気刺激を送り込むのは、都会の雑踏で大声で叫んでいるようなものです。狙いをつけにくいし、たとえ狙った細胞に刺激を与えることができても、興奮しすぎて周囲にその興奮が伝播しよけいな情報が書き込まれてしまう可能性が高くなります。

一方で脳梁はニューロンの神経線維の束が集まっているところです。ここを切断してBMIを入れるということは、配線を一度きれいにスパッと切って、再配線し直すことに相当します。二〇二〇年に東京大学より特許出願している高密度二次元電極アレイを神経線維の断面に差し込むことで、それぞれの神経線維に対して直接的に情報を読み書きする形をとれます。

信原　そして、いったん意識が湧く機械を作ってしまえたら、あとはこの機械脳で様々な実験を行うことができるわけですね。

渡辺　はい。人間の脳をいろいろいじることはできませんが、機械なら操作実験が可能です。そうやって、意識が湧くために最低限必要なものは何かを探っていきたいですね。

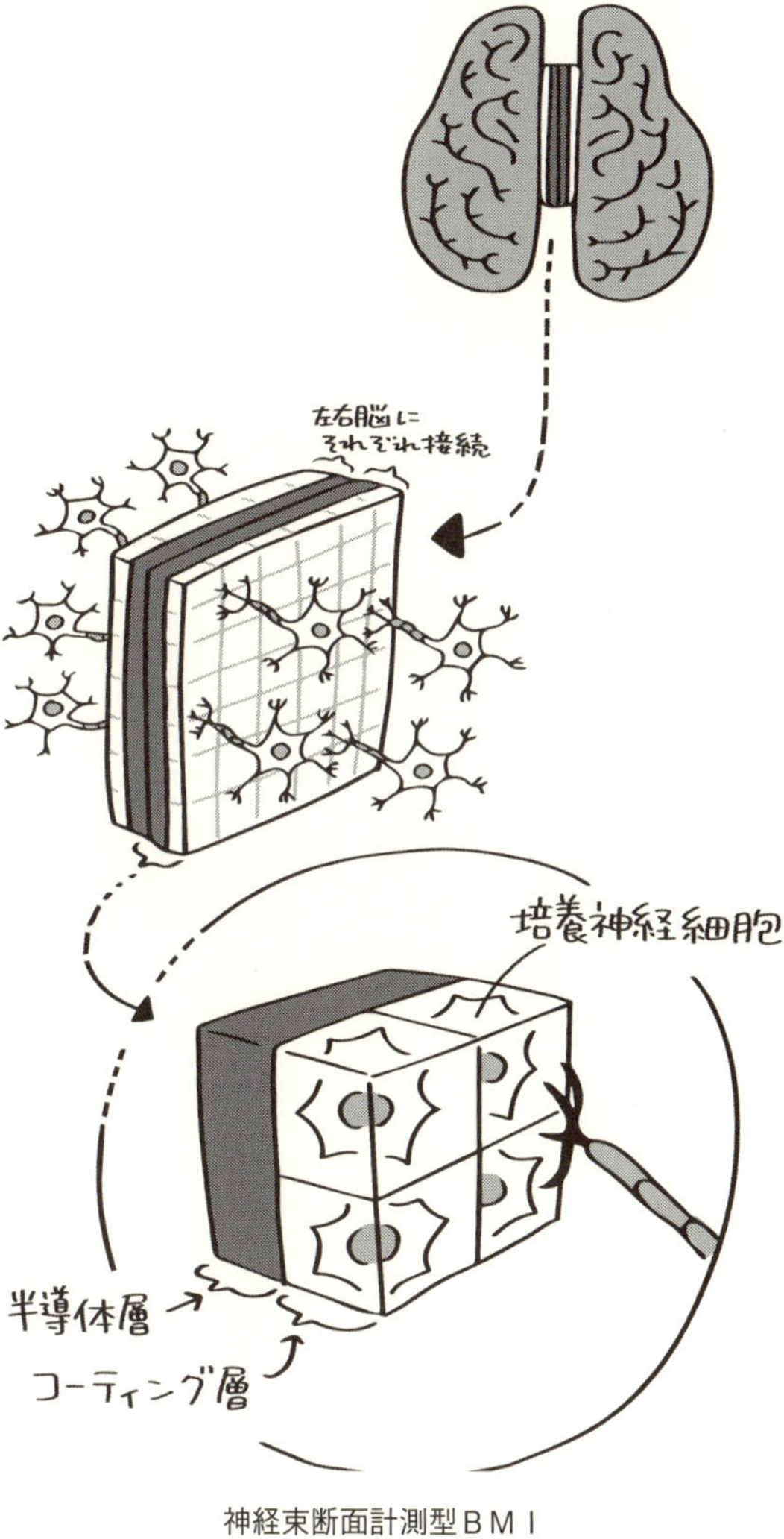

神経束断面計測型ＢＭＩ

信原　制作は最高の理解であるという考え方がありますが、意識を作り出すことで、意識を理解しようというアプローチですね。これを実現するにあたって、技術的にはどこが一番の課題になるでしょうか。

渡辺　意識の湧いた機械を作って、視覚的意識を確かめるところまでなら、あと一〇年くらいでできるのではないかと思っています。もちろん、僕がひとりですべてを開発するということではなく、他の研究やスタートアップなどの成果、コンピュータのスペックの増加、そういったことがこの先発展し続けることをかんがみての目論見です。

そのうえで一番の課題は、機械脳の精度を高めることだと考えています。少し時間はかかると思いますが、マインドアップローディングも、僕が生きている間に実現させたいと考えています。僕自身がアップロードされたいですからね。あと三〇年くらいは頑張って生きられると思っていますが。

第二章

哲学の意識、科学の意識

哲学的ゾンビは存在可能か

信原　意識の問題を考えるときに、よく登場するのが「哲学的ゾンビ」という思考実験です。これは、意識がある人と同じ振る舞いをし、脳も同じ機能を遂行していながら、意識的な経験をもたない、そういうゾンビのようなものが存在することは可能だろうかという問いです。

用語解説　哲学的ゾンビ

哲学者ディヴィッド・チャーマーズによって提唱された、意識をもたない人間。意識をもたないということ以外の物理的・化学的・電気的反応は普通の人間と同じで、第三者から見るとゾンビではない人間と区別はできない。笑ったり泣いたり怒ったりもするが、哲学的ゾンビの行動には意識は伴わない。

渡辺さんの言う自然則が成立してそれが正しいと認められた暁《あかつき》には、ゾンビが存在するのは不可能だということになると思うのですが、その辺はどう考えていますか？

渡辺　自然則が成立することが確かめられたら、哲学的ゾンビは存在しないということになりますね。ただし、この宇宙では、という条件が付きます。別の宇宙では、別の自然則が働いているかもしれない。そこでは、意識のない哲学的ゾンビが存在している可能性があります。信原さんの立場では、どうですか？

信原　私もゾンビの存在は不可能だと考えています。ただし、私の場合、この宇宙に限らずですが。私は意識に関して「機能主義」の立場をとっています。機能主義とは、意識というのはまさにそれが果たしている機能そのものだと考える立場で、それゆえ脳がそのような機能を果たしているなら、そこには必ず意識があることになります。

機能主義について説明するためには、哲学の心身問題について順を追って解説する必要があります。心と身体・脳の関係については様々な立場がありますが、大きく分けて「一元論」と「二元論」に分けられます。人には物質的な体や脳とは別に魂があって、体が滅びたあとも魂が残って天国に行ったり、他の生物に生まれ変わったりするというような考えは昔からありますが、これが二元論です。現代では、そうは考えない人たちが多いですね。科学者にしろ哲学者にしろ、二元論の勢力は現在あまり大きくはありません。

渡辺　僕が研究の大前提にしているのも、意識は脳の何らかの働きによって生み出されているということです。体と魂が分かれていて、ときどき魂だけが抜け出て生霊になって人を呪ったりとか、死んだあとにも魂だけが残って幽霊になったりとか、階段から一緒に転がり落ちたら魂が入れ替わってしまうとか、そういうことは起こらない。信原さんの立場も一元論ですよね。

信原　はい。正確に言うと、一元論には、この世のすべては精神からできているという「心的一元論」と、物質から切り離された世界は存在せず、すべてが物質の作用によって成立すると考える「物的一元論」がありますので、私の立場は物的一元論になります。

マインドアップローディングに対してどのように考えるかは、意識と脳との関係をどう考えるかという、この「心身問題」と関わってきます。

この世界には心が存在する心的世界と物が存在する物的世界があり、心は物の働きによっては説明できないと考える二元論では、脳に意識が宿るとしても、それはたまたま

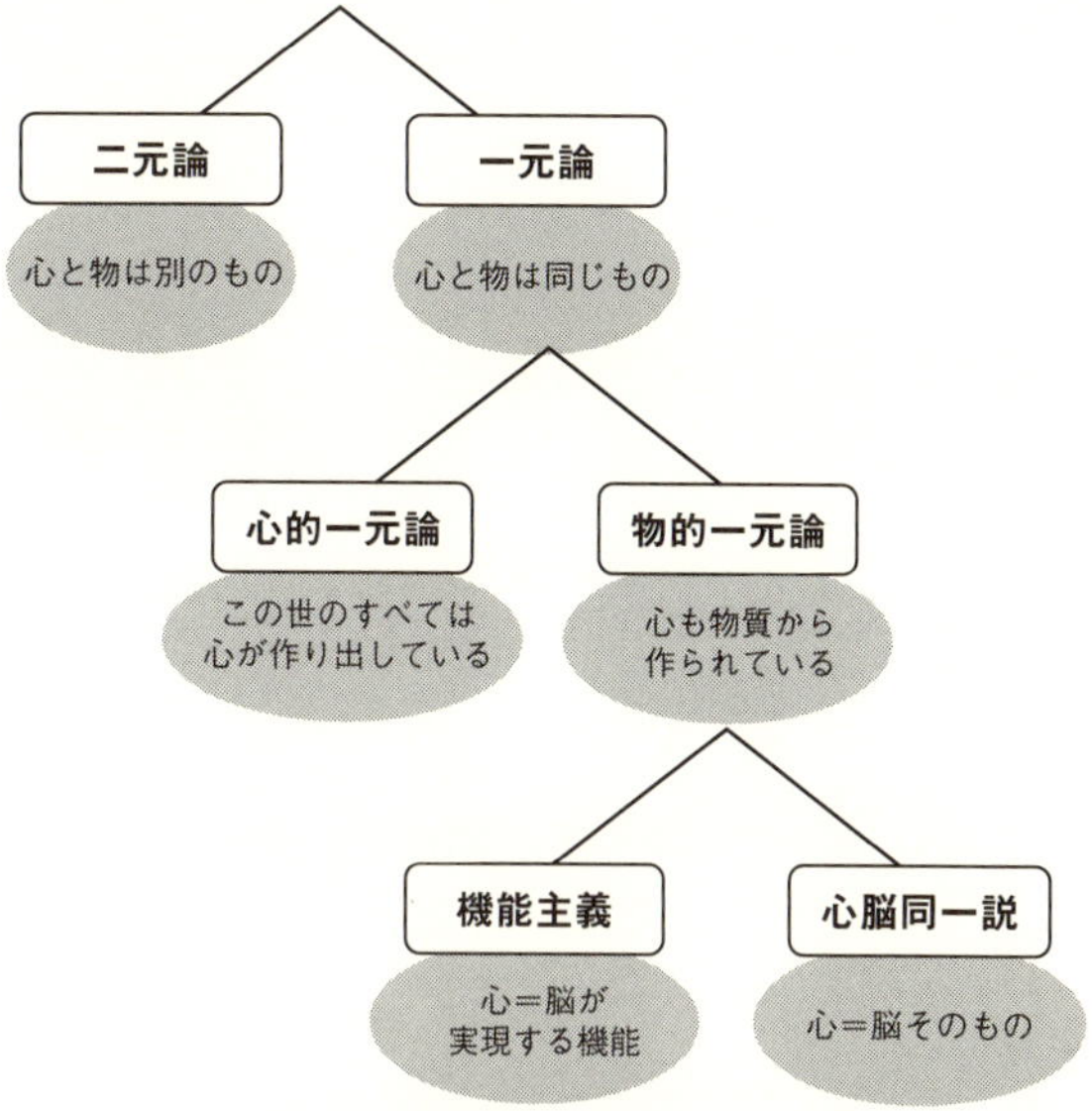

心身問題に対する考え方

であり、ましてや機械に意識が宿ることがあり得るとしても、それはまったくの偶然である、と考えます。したがって、脳と同じ機能をもつ機械を作ったからといって、そこに意識が宿るという保証はまったくないということになります。

　また物的一元論のなかでも、心の状態と脳のあり方が同一であると考える「心脳同一説」では、特定の心的状態は特定の脳活動と同一であると考えるため、機械では心的状態を作り出すことはできない。というのも、機械の状態はまさに機械の状態であって、脳活動とは異なりますから、心的状態になり得ません。したがって、心脳同一説でも、マインドアップローディングは不可能です。

一方、意識は機能であると考え、それゆえまったく同じ機能を果たすのであれば脳を機械に置換しても意識の状態は変わらないと考える機能主義の立場では、マインドアップローディングは原理的に可能になります。

用語解説

機能主義

心の哲学における有力な立場のひとつ。心の状態（心的状態）がその機能（働き）によって定義されるとする。そしてこの心的状態の機能はある脳の状態（物的状態）によって担われるとし、それゆえ心的状態は脳状態によって実現されるとする。意識が物質である脳によって成立すると考える点では物的一元論ではあるが、ひとつの心的状態を実現する物的状態は複数あり得ること、したがって機能を忠実に再現すれば神経細胞ではなくシリコンチップでも心的状態を実現できるという考えであり、心的状態がある特定のタイプの脳状態にほかならないという強固な関係を想定する心脳同一説とは異なる立場である。

渡辺　つまり、心脳同一説と機能主義はどちらも物的一元論ですが、マインドアップローディングが可能なのは機能主義だけだということですね。

信原　そのとおりです。心脳同一説は、心的状態と脳状態を同一視する考えです。したがって、たとえば、あるニューロンの集団Aの興奮が痛みを生じさせているとき、このニューロン集団Aの興奮が痛みという心的状態にほかならないことになります。よって、このニューロン集団Aを脳の他の部分から切断してシャーレの上に移して興奮させても、痛みという心的状態が生じます。しかし、そのような痛みは何らかの手当をするといった行動や、ひどい痛みだなといった思いを引き起こすわけではありませんよね。したがってそれは、およそ痛みとは言えないような状態です。これが心脳同一説の重大な難点のひとつです。

その難点を回避することができるのが機能主義です。機能主義では、心的状態をある一定の因果的役割（すなわち機能）をもつ状態として定義します。痛みをニューロンの集団Aの興奮と同一であると考えるのではなく、ニューロンの集団Aの興奮が担う因果的な役割、すなわち機能と同一であると考えます。

渡辺　心脳同一説では、シャーレ上のニューロン集団にも意識が生じないとおかしいし、逆にそれが機械に置き換わってしまうと別のものになって、心脳が同一ではなくなるので、意識は生じない。一方で、機能主義では、シャーレ上のニューロン集団は脳内にあるときの機能をもたないので意識が生じないし、逆に機能が同一であれば、ニューロンの集団Aとまったく同じでなくても構わない、つまり機械に置き換えても意識は生じ得るということですね。

信原　はい。厳密な心脳同一説から見れば、意識は脳の特定の状態によってしか成立しないので、機械に移すことは不可能です。しかし、機能主義の立場からは、意識を成立させている脳の機能と同一の働きをするのであれば、それがニューロンであっても機械であっても構わない。つまり、意識をもつ機械を作ることは可能だということになります。

哲学的ゾンビの話に戻りますと、機能主義者にとって、意識は機能そのものですから、機能がまったく同じで、一方には意識があって、他方にはないということはあり得ません。

一方で、意識はただ脳の活動にたまたま随伴するもので、物的世界に影響を及ぼさないという考え（随伴現象説）のもとでは、随伴関係が成り立たない場合には、意識をもつ人と物的にはまったく同じでありながら意識を欠くゾンビの存在が可能です。同様に、渡辺さんの考えでは、自然則が成立する宇宙では、私たちと同じような脳をもっていれば必ず意識が生じますが、自然則が成立しない宇宙では、物的基盤が同じで意識だけがないというゾンビが可能になるわけですね。

「痛い」という感覚の機能とは？

渡辺　機能主義の「意識とは機能そのものである」ということの意味について、もう少し説明をお願いします。

信原　基本的に、我々は人の振る舞いを見て、人には意識があるんだと考えています。脳がどういうふうに活動しているのかを確かめて言っているわけではありませんよね。

そういった日常的なレベルでの機能ということでいうと、足を踏まれたときに、痛いという意識的な感覚が生じて、その感覚によって、例えば顔をしかめるという表情が出てきたとすれば、そのときの痛いという感覚は、足を踏まれることによって起こって、しかめ面という表情を引き起こす、そういう機能をもっているんだというふうにして、痛みの感覚の機能というのをまずは捉えますね。

渡辺　そのような機能だったら、意識をもたない人工物で模倣できませんか？

信原　顔をしかめるというのは一例で、意識の機能は非常に複合的なものです。痛みを何とか和らげたいという欲求が生じるとか、他にもいろいろつながりがあって、外から見えないようなもっと複雑な機能をもっています。意識に機能があると考えた科学者が科学的な探求をすることによって、日常的には気づかれていない、もっと微妙で込み入った機能を明らかにするかもしれません。

意識的な心のあり方が、無意識的なあり方や身体、さらには環境ともつながって、非常に複雑なネットワークを構成し、そのネットワークの中で果たしている役割がある。そういう複雑な役割のことを機能と呼んでいるわけです。そういう機能をＡＩなどで実現するのは、現状では相当困難な話で、単に足を踏まれたら顔をしかめるロボットを作れば痛みを感じているんだろう、というふうにはならないと考えています。

渡辺　ですが、その一方で、やはりいろんな生き物の機能というのは淘汰圧にさらされて出てきたものですよね。だとすると、テクノロジーもある意味、市場競争という淘汰圧にさらされて、どんどんいいものができてきます。たとえば淘汰圧が強く働くバーチャルな環境を作って何度もシミュレーションしていくうちに、そこに意識というものが介在しなくても、どこまでも人に近い役割（機能）を果たし得るものが生まれる可能性があるように思います。

信原　たしかにそのようなシミュレーションを重ねることによって、どこまでも人に近い機能を果たせるようになると思いますが、そのときには、意識も備わると考えます。機能がどのようにして成立するにせよ、意識をもつ人と同じ機能を有するのであれば、その人は意識をもつ人と同じように振る舞いますから、意識を有すると考えるわけです。これがまさに機能主義の考え方です。

渡辺　意識をもつ人と同じ機能を有する機械、と言ったときの「同じ」は、見た目だけ同じでは駄目なわけですね。ではどうすれば「同じ」になるのかと考えていくと、おのずと意識とは何か、すなわち、どんな機能なのかを探究することになる。それが機能主義の立場ですね。

僕の立場は機能主義とは少し異なります。脳の神経活動から意識が生み出されていると考えているので、その活動を再現することができれば元の脳そのものじゃなくても意識は湧くと考えています。この点は機能主義と方向性は同じです。しかし、意識とは機能そのものであるとは考えていません。僕は機能をもつのは意識を生み出している脳の仕組みであって、意識自体には機能はなく、脳の働きにともなって、ただ湧いているのではないかと考えています。

信原　著作を読ませていただいたので、渡辺さんの考えもよく理解できます。渡辺さんの立場は、随伴現象説に近いですね。この説は物質と意識を別物とみなすため、二元論の立場になります。これもひとつの立場ではありますが、意識の主観的な内容が客観的世界に対しては宙に浮いたものになってしまうので、それは違うだろうと考える哲学者も出てきて、いろんな立場が生まれているわけです。

渡辺　僕は一元論者のつもりなんですが、違うんですか？（笑）

信原　はい。渡辺さんの考え方だと、主観的な意識が脳の活動という物的な因果連関の上に浮いていることになり、厳密には一元論とはいえません。ただ、二元論の短所は、心と体が異なる実体であるのに、どうやって相互作用を成り立たせるのかという問題が解決できない点にありますが、渡辺さんの考えは、意識が物質世界に随伴することを自然則とすることで、二元論の短所を一応回避しているといえます。

しかし、どうしてそのような、物質世界に何の因果的な影響も及ぼさないものが存在しているのか。そんなものが存在すること自体が奇妙なのではないかと、私のような哲学者は考えてしまいます。これは美学的な観点と言ってもいいかもしれません。物的な因果連関の中に組み込まれず、外に浮いているものを、どう認めたらいいのか、それっていったい何なのかというのが、機能主義者の基本的な疑問であり、そのようなものを認めないですむように、意識を機能として捉えようとするわけです。

渡辺　意識に機能があるということは直感的には理解しづらいですが、美学的観点として登場した考えということは、よく理解できました。

信原　多くの人が渡辺さんのような感覚を抱くと思います。それは哲学者でも同じで、機能主義者というのは哲学者の中でも少数派です。実は私自身も、意識は機能であるという機能主義の考えに心の底から賛同して少しも疑ったことがないかというと、そうではありません。機能主義という立場をとるに至ってもなお、やっぱり意識とは、機能とは別の何かではないかという思いが出てきます。そしてその思いは絶対に消えることはありません。

渡辺　そうなんですか？

信原　はい。結局、突きつめて考えたら、意識は機能だと結論づけるしかないとは思うのですが、それで本当にすっきりするかといったらそうではない。これは意識の問題だけに限らず、哲学的な論争になるような大体の事柄について、ある立場をとると、必ず、でも反対の立場の方が正しいんじゃないかというふうに思えてきます。そうじゃない哲学者は偽物ですね。

渡辺　なるほど。面白いですね。では、機能主義以外の立場をとる哲学者たちは、意識に対して、どのような考えをもっていますか？

信原　たとえば、機能主義への反論として、哲学者のサールが「中国語の部屋」という思考実験を提示しました。

用語解説　中国語の部屋

哲学者ジョン・サールによって、一九八〇年の論文のなかで展開された思考実験。英語しか話せない男を、小部屋に閉じ込め、中国語で書かれた質問を部屋の外から差し入れる。男は中国語で書かれた質問の内容は理解できないが、部屋の中には中国語の文字の組み合わせに対応する英語の指示書が与えられており、その指示書に従って意味も理解せずに中国語の文字を形式的に操作し、できあがった中国語の回答を部屋の外へ差し出す。部屋の外から見ると、部屋の中の男は中国語を理解しているように見えるが、実際は何も理解していない。

意味の理解という意識体験がなくても理解の機能（つまり記号操作）を実現できるとサールは主張するわけですが、私自身は、サールの反論は機能主義への反論になっていないと思っています。理解の機能が実現されたなら、理解はなされたのであり、理解に意識体験が必要なら意識体験もあるのだ（つまり意味理解という意識体験は成立する）と考えます。

しかし、サールのように、意識は機能とは思えないという直感をもっている人も根強くいるわけです。そういう人たちには、どうしたって、哲学的ゾンビは存在可能としか思えない。意識が機能だと機能主義者は言うけれど、意識と機能は全然違うじゃないかと思うわけです。

ほかにも、意識のハードプロブレムを提唱したチャーマーズは、「自然主義的二元論」という特異な立場をとっています。意識は物的なものに還元できないという二元論の立場でありながら、その意識は魂や霊のようなスピリチュアルなものではなく、まだ見つかっていない自然のものであると考えていて、その新たな存在を電荷やスピンやエネルギーといった自然な存在同様に記述できる自然法則を探索すべきだという立場です。渡辺さんの主張に近いかもしれません。

哲学は言葉遊びか

渡辺　意識の問題を考えるときに、哲学は圧倒的に科学より先行しているわけで、哲学からいろいろ教えられることが多いのですが、ただ一方で、哲学の中だけでは結論は出ないのではないかと考えてしまいます。意識は機能だと定義することで、とるべきスタンスが変わってくる。となると、定義次第で変わってしまう哲学というのは、少し言い方は悪いのですが、どこか言葉遊びのような感じがしてしまうのです。

信原　そうですね。たしかに意識が機能であるという考えをより強固なものにするためには、心と脳に関係する諸々の機能をもっと詳細に科学的に明らかにする必要があると思います。ただ、意識が機能だということ自体は、科学だけからは、どんな実験や探求を行っても出てこず、哲学的な考察が必要だと考えています。そこがまさにハードプロブレムが哲学的問題だとされる所以《ゆえん》でもあります。機能主義者はおおむね哲学的な考察を経て、意識が機能だという結論にたどりついています。この哲学的考察を説明するとなると、本一冊分になってしまいますので、ここでは述べませんが。ただ、私の側からひとつ、機能主義を支持するようなことを述べるとしたら、存在に関して「オッカムの剃刀《かみそり》」を採用しています。無用な存在は立てないようにしよう、ということです。機能主義の立場を採用すれば、随伴現象的な意識は無用な存在になるわけです。だから、そんなものは切り捨てましょう、ということになります。

用語解説　**オッカムの剃刀**

一四世紀の哲学者オッカムが議論で多用した「ある事柄を説明するためには、必要以上に多くを仮定するべきでない」という原則のこと。説明に不要な存在を切り落とすことの比喩として剃刀の名が冠せられている。

渡辺さんは科学者なので、ごく当然のことなのですが、非常に堅固な科学的思考を行うという点が興味深いですね。科学はエビデンスを重視し、論理的に一貫した理論を構築し、物事を相互に独立した基本的な単位に分割して考察する原子論的な思考法をとるといった特徴をもちます。渡辺さんの思考には、このような科学に特有の思考傾向が非常に確固として存在するように感じられます。具体的には「主観的な意識が脳の活動という物的な因果連関の上にただ浮いている」という、渡辺さんの自然則の考え方は、原子論的だといえます。

それに対して、哲学的なものの考え方は異なります。哲学と科学の考え方の違いとして、科学は原子論的な考え方をとるけれども、哲学は必ずしもそうではないということが一番大きいと思います。哲学はむしろ、大抵のものは原子論的には捉えられない全体論的なものなんだという、そういう捉え方をしようとします。そこに根本的な違いがあります。そのどちらが正しいのかというようなことに関して、科学的な探求によって明らかにできるということではまったくないと思います。もちろん原子論的な思考法は伝統的に哲学にも根強く存在しますが、それを批判する形で、全体論的な思考法が多くの問題に関して随所で出現してきています。

渡辺　全体論的というのは、たとえばどのようなことですか？

信原　意識に関して言えば、意識が脳だけで担われるとする原子論（さらに個々の意識状態が脳の局所的な部位で担われるとする場合は「局在論」と言われる）ではなく、脳が身体や環境と行う相互作用的な活動の全体によって意識は成立し、個別の意識現象もそうなのだとする全体論が盛んになってきています。

実は、機能主義も、「狭い機能主義」と「広い機能主義」があります。狭い機能主義は、心的状態の機能を脳状態同士の連関だけで実現される機能だと考えますが、それに対し、広い機能主義では、脳だけでなく環境も含めて考えます。つまり、心的状態の機能を脳状態の間の連関だけではなく、脳状態と環境状態との連関も含めて、そのような広い連関によって実現される機能と考えるのです。したがって、広い機能主義では、脳のあり方がまったく同じでも、置かれた環境が異なれば、心的状態も異なり得ることになります。それを示しているのが、パトナムの「双子地球の思考実験」です。

機能主義は、最初は狭い機能主義として提唱されましたが、双子地球の思考実験などによってその問題点が指摘されると、広い機能主義が提唱されるようになり、それが勢力を得てきました。私が機能主義と言っているのは、広い機能主義に相当します。こちらは全体論的と言っていいですが、狭い機能主義は原子論的と言えると思います。

用語解説

双子地球の思考実験

アメリカの哲学者ヒラリー・パトナムが一九七五年に発表した思考実験。宇宙のはるか彼方に、地球と瓜二つの惑星（＝双子地球）が存在するとする。ただし、この双子地球は地球と一つだけ違う点がある。この双子地球では、「水」と呼ばれる物質はH_2Oではなく、ある複雑な分子構造（「XYZ」と略記）をもつ。地球の水とXYZは人々が日常的に経験する現象的性質に関してはまったく同じで、地球の人々が水について経験する事柄と、双子地球の人々が「水」について経験する事柄とは、まったく同じである。地球上の太郎1と、彼に瓜二つの双子地球上の人物・太郎2が、それぞれ水と「水」を見て「水は透明だ」と言ったとすると、同じ経験をしているにもかかわらず、別の物質を見ているために、彼らは異なることを言っていることになる。また、そのときの彼らの思考内容も異なることになる。こうして太郎1と太郎2は同じ脳状態にあるにもかかわらず、環境が違うせいで、内容の異なる心的状態をもち得るのである。

自然科学も価値中立ではあり得ない

信原　先ほど渡辺さんがおっしゃったように、確かに哲学は定義次第で議論が変わります。しかし、定義には良い定義と悪い定義があり、哲学では、どちらの定義が良いかを争っているわけです。

渡辺　良い、悪いというのは矛盾が生じないかどうかという意味ですか？　それとも倫理的な意味ですか？

信原　矛盾が生じないことや倫理的な事柄も含めて総合的に、ということです。問題に関連するあらゆる種類の価値の観点から見て、どちらが良いのかという、そういう話になるということですね。

渡辺　価値の話が入ってくると、主観的な議論にしかならないような気もしますが、どうなのでしょうか。

信原　はい、確かにそう思われがちですし、だからこそ価値を基準にしないで、もっと客観的に基準を定めることができないかということが常に問われています。

自然科学は客観的な基準を定めて研究をしているとされています。しかし、自然科学もじつは価値中立的ではあり得ないだろうと私は考えています。哲学だけでなく自然科学も含め、どんな分類も、どんな同一性も、やはり価値性を帯びています。どういう分類やどういう同一性を設定するのが価値的に良いのかという話が、その背後には必ずあるのではないか。だから、価値をめぐる争いなんだというふうに見ています。

渡辺　なるほど。たとえば、僕のマインドアップロードの方法では死を避けられるとは言えないと考える人もいるわけですよね。生物的な身体は失われて、完全に記憶を移行することはできないので、意識も変容することでしょう。自己の同一性が保たれるのかという議論もあとでしていきますが、自己というものをどう捉えるか、同一性をどう考えるかで、マインドアップロードの捉え方が変わってきます。僕としては、死ぬよりはマシでしょと思っているので、それに賛同してお金を出してくれる人が使ってくれたら、それでいいのです。できればその賛同者は多い方がいいので、こうやって哲学的な問題も考察しながら、いろいろ作戦を考えているわけですが（笑）。

信原　マインドアップローディングについては、まだ遠い未来の技術だと考えている人も多いかもしれませんが、渡辺さんのような科学者が出てきていますし、読者のみなさんが生きている間に実現するかもしれません。まあ、私の生きている間には無理でしょうけれど（笑）。

マインドアップローディングにしても、社会のあり方や個人の生のあり方などのいろいろな違いをふまえて、そういうことを総合的に価値判断して、こういうアップロードの仕方が良いだろうというふうに考えていくべきだと思います。科学者はそういう考え方を非常に嫌がるでしょうけれど。もっと客観的な議論で決着がつくはずだと思うわけです。しかし、そうやって科学的に決着はつくかもしれませんが、それはひとつの見方にすぎないというふうに哲学者的には思ってしまうのです。

これだけ科学やテクノロジーが発展している今、科学者も市民も思考を停止せず議論をしてもらいたいと思います。

渡辺　そうですね。マインドアップローディングの技術は、現在のブレインテックの延長線上に存在していますが、ブレインテックは他の科学技術と同様、僕たちの生活や社会に利便をもたらす半面、深刻な問題を引き起こす可能性も秘めています。特に意識を担う脳に関わる技術は、人間観や生命観、社会のあり方などにも影響を及ぼす可能性があります。

用語解説 **ブレインテック**

ブレイン（脳）とテクノロジーを組み合わせた言葉。脳科学の研究成果とIT技術を掛け合わせた新たな技術やサービスが開発されつつある。脳の情報を読み取って医療に活かしたり、BMIを使って取り出した脳の信号で電子機器を動かしたり、脳波の情報をマーケティングに活用したりなど、多方面から発展が期待されている。

科学者だけでなく、人文系の学者や市民も巻き込んで考えていくべき問題だと思います。

信原　科学というものが成立するためには、どうしても近似的に原子論をとる必要があります。そうでないと、あまりにも計算が複雑になって、実質的に科学的な法則を立てたり、対象を制御したりということが一切できなくなってしまうからです。ですから、科学者は全体を見ていないと声高に批判するつもりはありません。科学は近似的に原子論をとらなきゃいけないという必然性は認めつつも、でも本当は全体論的なんだということを科学者も認めておいた方がよいのではないかと思うのです。その方が科学者にとっての自己理解も良くなるでしょう。

意識が物的なものから切り離されて、意識だけで存在し得るかのように考えると、渡辺さんの言うように、問う必要がない問題になります。しかし、そうではなく、意識は物的な世界の中で一定の役割、すなわち機能を担うからこそ、意識なのだと考えると、その役割（機能）が何かを考察することで、意識の科学も飛躍的な発展を遂げるのではないでしょうか。

意識の機能については、常識的なレベルの観察と考察だけでは捉えられない、多くの隠れた機能が存在するように思われます。科学はそのような機能を明らかにすることに大きく貢献できるはずです。脳科学だけではなく、身体科学や行動科学もまた、そのような機能の解明に大きく貢献するでしょう。そしてこの解明は、意識の新たな機能を開拓したり、あるいはそれを補助する技術を開発したりすることで、人間の生や社会のあり方を大きく変貌させることになるかもしれません。

機能主義という立場をとった場合、意識が物的な世界の中でどのような働き（機能）を担っているかを考察する必要があります。できればいろいろな人にそれを考えてほしいと思っています。

一方で、渡辺さんは意識の自然則とは何かを科学的に追究していくわけですよね。

渡辺　はい。自然則を導入したら解決できると言うだけなら、「言うだけ番長」になってしまいますからね。意識のハードプロブレムがあるから意識は科学的には解けないという従来の立場に対し、自然則こそが問答無用でそれを解決してくれると主張するだけでは、議論が堂々巡りしてしまいます。不毛な議論の無限ループから抜け出すためにも、セットメニューとして、意識の自然則を検証できる実験プラットフォームを提供しようとしています。
かつて、アインシュタインの相対性理論とその根底となる自然則、すなわち光速度不変の原理は、アーサー・エディントンが発案した実験プラットフォームによって検証されました。エディントンは皆既日食中に太陽の周囲の星を観測し、その位置の見かけの変化をとおして、重力による光の曲がり具合を計測しました。ニュートン力学ではなく、相対性理論の予測値が正しいことや、そこから遡って光速度不変の原理が正しいことを実証したわけです。

意識の自然則の是非については、母なる自然に問うしかなく、実験をとおして検証するほかありません。その詳細については、第三章でやりましょう。

第三章

「脳と意識」をめぐるテクノロジーの現在地

意識の湧く機械脳の作り方

渡辺　僕が今考えている機械脳は、ヒトの脳の仕組みをできる限り模したものになります。神経系のすべてのニューロンが接続することでできた神経回路全体のことを「コネクトーム」といいますが、このコネクトームの解明を目指したプロジェクトが世界的に進められています。まずは線虫やショウジョウバエを対象に進められ、現在はそれらの解析が完了しています。

コネクトームの解析方法ですが、簡単に説明すると、脳を取り出して薄切りにし、その切片からニューロンの配線やシナプス結合の有無を読み取って、コンピュータ上に立体的に復元していきます。ニューロンの配線をどうやって読み取り、どこまで精度を上げられるのかについては、現在もさまざまに研究されていますが、基本的には切片の電子顕微鏡画像を撮って解析していきます。

この目的のために作る切片の量は膨大です。しかも、一つの切片から読み取らなくてはならないニューロンの配線の数はさらに膨大です。非常に時間のかかる大変な方法です。

現在、ショウジョウバエのコネクトーム解析が完了したといっても、ショウジョウバエの脳のニューロンは約一四万個にすぎません。一方、ヒトの脳のニューロンは約八六〇億個とも言われていますので、現在の技術レベルで進めていくと、僕の寿命が尽きる前には完了しないと思います。

しかし、技術はいったん発展し始めると急激な革新が起き得ます。たとえば、最初のヒトゲノム配列解析には一三年かかりましたが、現在は数時間ほどで完了します。ヒトゲノム計画完了が二〇〇三年ですから、二〇年ほどでこれだけ発展したわけです。

僕の生きている間に、ヒトの死後脳を使ってコネクトーム解析が完了する見込みは、十分にあると考えています。

信原　ヒトのコネクトームの解析が完璧に行われて、機械の中にその配線を再現できたら、そこに意識が生じるのでしょうか?

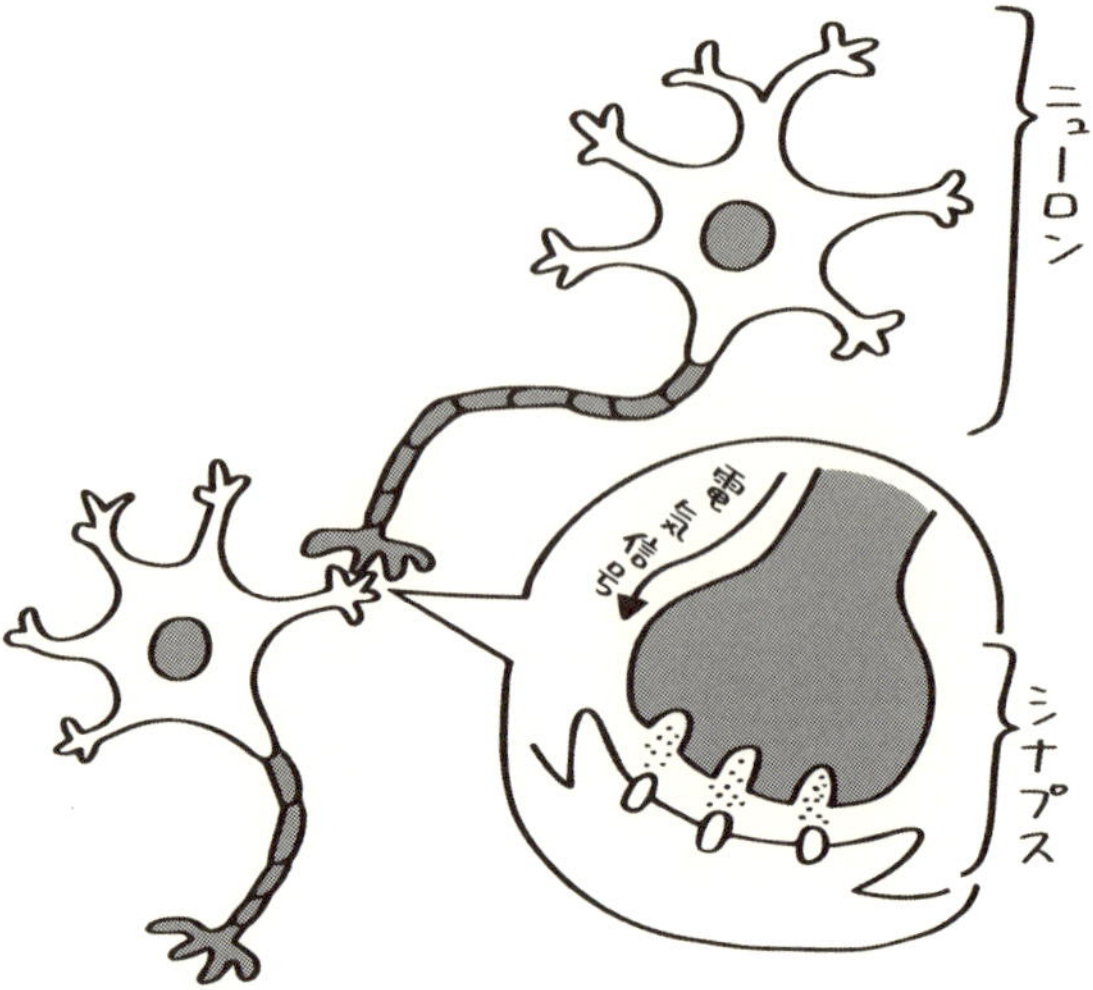

シナプスの模式図

渡辺　そのように考える人もいますが、僕は異なる立場をとっています。
　死後脳を薄切りにしてニューロンの配線を読み取る方法には、技術的な限界があるからです。それは将来の革新的な技術発展を見通しても越えられない限界です。
信原　どのような限界でしょうか。
渡辺　脳の情報伝達はニューロンの配線の有無だけでなく、ニューロン同士が情報を伝達しあっている連絡箇所、すなわちシナプスの強度によって変わります。
　僕たちが新しいことを記憶できたり、柔軟に外の環境に対応できたりするのは、シナプスがあるおかげです。ニューロンの配線は簡単には変わりませんが、シナプスは新たに作られたり削除されたり、すでにあるシナプスが大きくなったり小さくなったりなど、かなり動的に変化しています。機械学習でいうところの重みづけを担っているのがシナプスなんです。

死後脳の読み取りだけから意識が湧く機械を作ろうとする場合、このシナプスの状態も一定以上読み取ることが必要だと僕は考えています。しかし、一つのニューロンに一万個ほどのシナプスがついているといわれています。脳の中のニューロンは約八六〇億個ですから、シナプスの数はその一万倍、八六〇兆個になります。

数が多いだけなら時間をかければ何とか解析できるかもしれませんが、さらに問題があります。個々のシナプスの強度を決めるイオンチャネルはニューロンの配線に比べて桁違いに小さく、数百種類もあるイオンチャネルすべてを観察することは電子顕微鏡をもってしても不可能だという問題です。これは、おそらく僕が生きている時代にはできないだろうと考えています。

生成モデル仮説——意識を生じさせている脳の仕組み

信原　つまり、死後脳の読み取りだけでは意識が湧く機械は作れないというわけですね。
渡辺　はい、そう考えています。それなのに、なぜ延々とコネクトーム解析の話をしたかというと、この方法にケチをつけたかったから……ではありません（笑）。
　僕のマインドアップローディングでも、この死後脳の読み取りによるコネクトーム解析の結果を使わせてもらおうと考えているからです。たとえシナプス結合の状態を知ることができなくても、コネクトーム解析からヒトの脳の大まかな配線情報が得られます。そのうえで、学習によってシナプスの強度を決めるのです。
　学習といっても何でもいいわけではありません。意識が宿るような学習をかける必要があります。脳のどういった仕組みに意識が宿るかということに関しては、いろいろな仮説が提示されていますが、僕の推している仮説は「生成モデル仮説」です。

用語解説 **意識の生成モデル仮説**

脳が外部からの入力をもとに脳の中で仮想現実を生成し、その仮想現実をもって、脳に「見える」感覚、すなわち意識が生まれるという考え方。

脳というのは外から入ってきた情報をボトムアップで低次から高次へ、階層的に処理をしていきますが、それだけでなく高次から低次へトップダウンで処理をして仮想現実を生成しているのではないか、というのが生成モデル仮説です。つまり脳は外界を直接的にモニターしているのではなくて、あくまで目や耳などから得た外界の断片情報をもとに仮想現実世界を作り上げ、それに沿ってさまざまな判断をしているという考えです。

脳が仮想現実を作っていることが顕著にわかるのが、夜眠っているときの夢です。夢の中の僕たちは、景色を見たり自分が動いたりするだけでなく、痛みや落下する感覚などを味わうこともあるし、他者が出てきてしゃべりかけてきたりもします。まさに脳が作り上げた仮想現実を、僕たちはほぼ毎晩体験しているわけです。

信原　仮想現実世界を作り上げるプロセスは、コンピュータグラフィクス（CG）でいえばレンダリングの過程ですね。

渡辺　そのとおりです。脳が外部からの情報を低次から高次へ統合していくだけでなく、高次で統合されたイメージを低次へと書き出していく。その過程で何かが「見えたり」「聞こえたり」という感覚、すなわち意識が湧くのではないか。

意識とは何かと言われたら、この生成モデルが生み出すものだと僕は答えます。前の議論の補足ですが、僕は意識に機能はないと言いましたが、意識は生成モデルが動いたら勝手に湧くものだと捉えています。そして、機能があるのは生成モデルの方だと考えているのです。

が、その話はおいといて、今は意識の湧く機械脳の学習方法の説明を続けましょう。

機械脳の学習方法

渡辺　脳が生成モデルによって意識を生み出しているということは、機械脳も生成モデルに沿って学習をかければいいわけです。まずは視覚に限定して考えると、死後脳の読み取りによってコンピュータ内に再現された未熟な機械脳に視覚刺激を与え、低次から高次へ情報を統合させ、その統合した情報を高次から低次へと書き出していきます。CGであれば様々な情報を計算した結果を画像や動画に書き出しますが、機械脳の計算処理結果も書き出してみることで、その出力結果がもともとの視覚刺激とどのくらいかけ離れているのかを知ることができます。

そして次に、この視覚刺激と出力結果とが一致するように、情報経路の重みづけを調整します。これが、ここでいう学習にあたります。コンピュータが自ら調節していけば、人間のやることはさまざまな視覚刺激を与え続けることだけです。

学習を繰り返し、入力と出力が一致するようになれば、機械脳の中のシナプスの強度にあたる重みづけはヒトの脳の働きにかなり近くなっているはずです。

信原　そうなれば、意識もそこに湧いているだろうということですね。

渡辺　はい、そう考えています。信原さんはこの方法で意識が湧く機械脳を作れると思いますか？
信原　はい、話を聞く限り、理論上は可能なように思えます。死後脳の読み取りでコネクトームをコンピュータ上に再現するだけでは、ヒトの脳の大まかな配線情報が再現されるだけですが、それに外界からの視覚刺激を与えて学習させれば、たしかに意識が湧くような精密な配線とシナプス強度が再現されるだろうと思います。生まれたての赤子がだんだん学習して、大人と同様の知覚的意識を獲得していくイメージですね。
渡辺　意識が湧きそうだと、認めてもらえてよかったです。

記憶を転送する

渡辺　混乱しないように説明しておきますが、この学習によって作られるのは、ヒトの意識の様式に似た意識が湧く機械脳であって、誰か特定の人の意識が生じるわけではありません。

マインドアップローディングは、「本人」の意識がアップロードされる必要がありますが、それを行うのは、この次のプロセスになります。機械脳と自分の脳をつないで機械と自分の意識を一体化させ、一体化させた意識を利用して、自分の記憶を機械脳に移していきます。

信原　記憶というのは自己同一性を考えるうえで重要なキーワードになります。自己とは何か、どうすれば自己が同一だと言えるかという哲学的な議論は次の章で行うとして、ここでは渡辺さんがどうやって機械脳に記憶を移すのかを教えてください。

渡辺　人工意識の主観テストのところで説明しましたが、低次の層では左右の脳半球が別々に処理をしていても、高次の層では脳梁を介して情報が共有されます。まさにこの仕組みを利用して、記憶を機械脳へ移すわけです。

記憶というと思い出の塊のような、映画のワンシーンのようなものを思い浮かべるかもしれませんが、その実態はニューロンのシナプスの結合パターンです。生体脳のシナプス結合パターンを機械脳に再現させることで記憶を移植することができると考えます。

僕たちが何らかの記憶を想起するとき、その記憶に関係するニューロンが活動します。

ニューロンの回路にバラバラに保管された記憶の断片が、もう一度、高次の層で統合されています。高次の層に上がってきた情報は、脳梁を介してもうひとつの脳半球にも共有されます。

つまり、生体脳で何かを思い出すと、それが機械脳の高次の層へ共有され、機械脳の方にも内なる仮想世界が生成されます。機械脳には生体脳同様に短期記憶や長期記憶を形成する仕組みが実装されていますので、その仕組みによって機械脳に記憶が形成されることになります。

信原　機械脳と接続したあとは、いろいろ思い出すだけでいいというわけですね。しかし、思い出せない記憶はどうしますか？　私なんかもう、いろいろ忘れてしまっていますけれども、それでもまだ記憶は残っているはずです。

渡辺　脳梁のＢＭＩで脳にランダムに刺激を入れて、強制的に記憶を想起することを考えています。というのも、ペンフィールドの実験からわかったように、記憶は脳に保管されており、人工的に電気刺激を与えることで本人が忘れていた記憶まで想起させることができるからです。

用語解説　**ペンフィールドの実験**

脳神経外科医のワイルダー・ペンフィールドは、脳の手術を安全に行うため、部分麻酔で頭蓋を開けて脳を露出し、電極を脳に当てて刺激して患者の状態を確かめながら、切除する箇所を決めていった。その際に、大脳皮質を刺激された患者が、これまで思い出すこともなかった昔の記憶がありありと蘇ってきたと語った。今では行われない手術方法だが、脳の記憶のメカニズムの研究に重要な示唆を与えた実験である。

信原　人生の終盤に機械と脳を接続して、ＢＭＩの刺激によって、忘れていた記憶を次々思い出す。まさに走馬灯ですね。

能力を増強できる世界をどう考えるか

信原　渡辺さんの考えるマインドアップローディングを実現させるためには、さまざまなブレインテックが必要になりますね。

渡辺　はい、たとえばヒトの脳と機械をつなぐＢＭＩ技術が必要になります。イーロン・マスク率いるニューラリンク社が侵襲型ＢＭＩの臨床試験を開始しましたが、このような技術は最初の頃は医療応用を目指して発展していくと思います。頭蓋骨を開けて脳に電極を埋め込むという過程には当然リスクが伴いますから、それに見合うベネフィットがないと、誰も使いたくないわけです。ニューラリンク社の技術は、ＡＬＳ（筋萎縮性側索硬化症）患者のように、脳は正常に働いていても、脳の信号を筋肉に伝える運動ニューロンに障害を負って身体を動かせない人のＱＯＬ（生活の質）を大きく改善する可能性があります。いずれは一般の人にも応用できる技術を目指しているとは思いますが、スタートアップとしては難病の治療を目標に掲げて開発を進めていくのは賢いやり方だなと思います。

ちなみに僕もある意味似たような戦略をとっていて、科学者として本当に目指しているのは意識という現象の解明です。そのためには莫大な資金が必要になるわけですが、マインドアップロードできて、肉体とともに意識も滅びるのを回避できるというベネフィットを掲げて計画を進めようとしています。マインドアップロードできるというのは、ある意味、意識を研究するための新たなアプローチのついでに生まれたおまけなのですが。意識を研究したいというだけでは、なかなか物事は動きませんからね。

信原　ＢＭＩ技術が治療（障害からの回復）に用いられる場合は、治療が社会の既存の価値観、すなわち、損なわれた価値を回復することは良いことだという価値観に沿うものである以上、社会は当然、それを受け入れるでしょうし、社会の価値観が大きく変わることはないと思います。しかし、ＢＭＩ技術は、治療だけではなく、いわゆる「エンハンスメント（能力増強）」に用いることも可能です。

渡辺　ＢＭＩ技術の安全性が担保され、健常者の認知能力増強などに応用されるようになると、一部の天才的な人に見られる先天的な能力を誰でも使えるようになるかもしれません。「誰でも」といってももちろん制限はあるでしょう。たとえば、その技術を使うことができるのは、多額の費用を払うことが可能なお金持ちだけということになるかもしれません。そうなると、価値観に多大な影響を与えます。アメリカでは、ＡＤＨＤの治療薬などに使われるドーパミン再取り込み阻害薬が、健常者の間で「頭が良くなる」薬として出回って問題になっています。

能力を増強することが良いか悪いかという議論もありますが、お金持ちだけが能力をエンハンスできるという世界は、あまり来てほしくないですね。僕の意識のアップロード技術が実現したときも、やはりそれなりにコストがかかるので高価な技術になるとは思いますが、何とかして中古車一台分くらいの価格に抑えたいなと思っています。そして希望者が殺到したときはくじで決めるというくらいのことはしたいですね。

信原　エンハンスメントの問題は、ＢＭＩに限ったことではなく、技術一般に言えることです。たとえば、新幹線の登場は人間の移動能力をエンハンスしました。このようなエンハンスメントは、その内容によっては、社会の価値観を大きく変える可能性があります。というのも、「どんなエンハンスメントも良い」という価値観は、今の社会の既存の価値観ではないと思われるからです。

新幹線で速く移動することは、そのように速く移動することが良いことだとする価値観が、おそらくもともとあったから受け入れられた。既存の価値観を変容させたわけではありません。しかし、電子メールはどうでしょうか。高速で通信することが良いことだという価値観がもともとあったわけではないとすると、そのような高速通信は既存の価値観を変えることになります。電子メールにうんざりしている人は、既存の価値観に代わるこの新たな価値観についていけないのです。実際、私はスマホを持っていません。スマホが善い道具だという新たな価値観にはついていけないからです。

ＢＭＩ技術はスマホどころではなく、はるかに過激な高速コミュニケーションや記憶・想起を可能にします。それによって人間のコミュニケーションや記憶の能力は飛躍的に高まるでしょう。もはや一人ひとりがある程度は独立した思考主体だというあり方ではなくなり、集団的に思考を行う「集団心」というあり方になるかもしれません。そのようなエンハンスされたあり方を良しとする社会になれば、価値観が大きく変容することは明らかでしょう。

社会のマジョリティの価値観がそのように変容することは避けられないかもしれません。しかし、そうだとしても、それを受け入れることができない人には、その人なりの価値観で生きていくことを認める寛容さのある社会であってほしいですね。エンハンスメントをしたい人はどうぞご自由に、でもそうしたくない人にはどうか強制しないでほしい。暗黙の強制もやめてほしい。エンハンスメント社会に求められるのは、寛容さであり、個人の自由の容認ではないかと思います。

渡辺　暗黙の強制をしないというのは大事な視点だと思います。信原さんはアップロードしたくない派ですよね。いつか、マインドアップロードするのが当たり前の社会になったときは……

信原　「何でアップロードもせずにみすみす死んでしまうのか？」なんてことを言わずに、放っておいてもらえたらありがたいですね（笑）。

培養された脳は意識をもつか

信原　では、意識の話に戻って、対象範囲を機械から少し広げて人工物というくくりで考えるのなら、たとえば、脳オルガノイドについてはどうでしょうか。意識をもつと思いますか？

用語解説　**脳オルガノイド**

ヒト幹細胞を利用して作成した組織体のこと。通常、細胞はシャーレの上で平面的に培養されるが、幹細胞を三次元で培養して分化させることで、小型の脳に似たものができる。ＡＬＳやパーキンソン病などの神経変性疾患の治療法を研究するうえで有力なツールのひとつとして注目されている。二〇二三年には脳オルガノイドをＡＩに接続し、簡単な計算タスクを実行することに成功したという論文も発表された。

渡辺　ヒトの細胞からできている脳オルガノイドは、ヒトの脳が作られていく過程を培養皿の上で観察することができる貴重な研究ツールです。現在の技術では、脳オルガノイドはまだ脳の一部分を再現しただけの断片にすぎないので、意識が生じるとは考えられませんね。ただ、技術が発展して、脳全体を組織することが可能になれば、脳の機能をすべてもつ可能性があり、当然意識もそこに生じるでしょう。

信原　私もそう思います。ただし、それは、脳の機能をすべてもつ脳オルガノイドが身体や環境としかるべき相互作用をするという関係に置かれた場合に限ります。意識をもつためには、人工物はしかるべき身体・環境との相互作用の中に位置づけられなければなりません。「水槽の中の脳」は意識をもたないと私は考えています。

用語解説 **水槽の中の脳**

脳を取り出して水槽の中に移した状態を仮定する。もしそのとき、水槽の溶液がよくできていて、脳が頭蓋骨の中にあるときとまったく同様に活動できるとしたら、水槽の中の脳も意識をもつのではないかという思考実験。

もし水槽の中の脳にも意識を認めるとすれば、それは水槽の中の脳がそれを浸している溶液と相互作用し、その溶液を環境として生きているからであり、したがって、そこで成立する意識は通常の身体・環境に置かれた脳が担うような意識の内容ではなく、溶液のあり方に関する内容をもつことになると私は考えます。たとえ水槽の中の脳の活動が身体の中の脳の活動と同じであったとしても、その意識内容は根本的に異なります。

　さらに言えば、そもそもある溶液に浸された水槽の中の脳が、本当に身体の中の脳と同じ活動をすることが可能なのかどうかも真剣に問われなくてはなりません。

　あるものに意識があるかどうかとか、心があるかどうかは、そのものが環境の中でどのような振る舞いをするかで変わってくると私は考えています。その環境の中での振る舞いのあり方が、高等な生物のような複雑なあり方をしていれば意識や心があるし、そうでなければ意識や心はない。したがって、意識というのも、単に脳だけに意識が備わるというふうに考えるのではなくて、脳が身体の中に位置づけられ、身体が環境の中に位置づけられ、そういう全体の中で、脳がしかるべき働きをしているということから捉えるべきではないかと思います。

渡辺　僕は水槽の中の脳にも意識は生じ得ると考えていますし、科学者の多くが同じ考えなのではないかと思います。脳科学研究の動物実験で、モルモットの頭蓋骨を開けてそのまま溶液に浸し、脳だけを丸ごと一週間くらい生かしておくという技術があるんです。脳の持ち主は死んでいるわけですが、その実験を行うときは倫理委員会に脳に麻酔をかけなさいと言われているそうです。世界的に見ても、脳を丸ごと取り出してしばらく生かすという研究はいくつかの研究所で行われていますが、やはりすべて麻酔をかけなくてはいけないみたいですね。

もしかしたら意識があって、麻酔をかけないで実験を行うと、その動物が無限の苦しみを味わうかもしれない可能性を考えているわけです。

信原　自然則と機能主義の根本的な違いが、このようなところにも表れてきますね。容液に浸された、麻酔をかけられていない脳は、身体や環境の中で生きている存在ではないと見るのであれば、身体や環境と相互作用するという機能をもたないので、痛みを実現するのに必要な機能ももたず、それゆえ痛みもありません。

渡辺　いや、しかし、脳活動を測れば生きているときと同様に測れるわけです。痛みの反応も記録できるかもしれません。

信原　脳の何らかの物的な活動に意識が湧くという自然則の立場をとられる渡辺さんなら、そう考えますよね。しかし、そのような脳活動は、意識が湧くのに必要な身体や環境との相互作用という機能を欠くので意識をもたない、と機能主義（狭い機能主義ではなく、広い機能主義）では考えます。

渡辺　それでは夢はどう考えますか？　脳が外部の環境から限りなく遮断されている中で、夢を見ている最中は意識があるわけです。

信原　確かに眠っているときは、外界からの刺激はありませんが、眠っている人は外界からの刺激がある環境で生きている存在であり、今はたまたま外界からの刺激がない。そういうあり方をしている存在として、初めて夢を見るということが可能なのだと考えます。したがって、外界からの刺激から一切切り離されてしまった存在として見たときには、そのものはもう生きてもいないし、夢も見ません。水槽の中の脳は絶対に夢を見ているだろうと、渡辺さんは考えると思いますけれども、私はそういう見方をしないのです。

「生き様」を考えることが鍵になる

渡辺　なるほど……と言いながら僕は納得していませんが（笑）。他の例も考えてみると、読者にも僕たちのスタンスの違いがわかりやすくなるかもしれません。大規模言語モデル（ＬＬＭ）についてはどうでしょうか。意識をもつと思いますか？　二〇〇二年にGoogle のエンジニアが自社の開発するＬＬＭに意識があると主張し、社内で問題になっていましたよね。

用語解説　**大規模言語モデル**

大量のテキストデータで訓練した、人工ニューラルネットワークで構成されるコンピュータ言語モデルのこと。人と会話を行うような自然な言語で命令することで、文章の生成や情報の抽出、プログラミングなどを行うことができる。代表的なＬＬＭとして、非営利団体 OpenAI 社が開発した ChatGPT や、Google 社が開発した PaLM2 がある。

信原　現在のＬＬＭに意識があるとは思えませんが、十分に発展すれば、意識をもつでしょうね。生体脳とは異なる素材からなっていますが、脳の機能をすべてもたせることは可能です。環境との相互作用もありますし。

渡辺　僕も同様に考えていますが、現状はまだまだですよね。一見会話が成立しているので、まるで意識をもっているようには見えますが。

信原　私が現在のＬＬＭ、たとえばChatGPTには意識がないという立場をとるのは、ヒトの脳に比べると情報処理量が劣るということもありますが、それだけなら情報量が少ないなりの意識をもっているかもしれません。それよりも重要だと考えているのは、生き様ですね。「ChatGPTの生き様」なんて言うと違和感があると思いますが、それは、ChatGPTがどんなふうに生きているのかと問うことがそもそもできないようなあり方しか、少なくとも今のところはしていないからです。

渡辺　ChatGPTの生き様を考えてみるというのは面白いですね。たとえば将来、人間に似せたロボットがどんどん発達し、人間の暮らしの中に入って相互作用するようになったら、ロボットの生き様といえるようなものが現れるのかもしれません。そのようになって初めて、信原さん的には、ロボットは意識をもつ可能性があると考えるのですね。確かに、そんなロボットの存在を想像すると、ただの物体というふうには思えなくて、無茶に扱えなくなる気がしますが。

信原　単に意識の部分だけ切り離して議論するのではなくて、意識をもつものというのはまさに意識をもつがゆえに、ある非常に特別な生き様を示していると考えなくてはならないと思います。たとえば、植物には脳のような統合的な情報伝達のシステムがありませんから、少なくとも私たちが考えるような意識はもっていないはずです。意識をもたない植物と意識をもつ私たちとでは、生き様がまったく異なります。

人間のような生き様を示していて、その生き様がまさに尊厳のあるものだから、意識をもつものにはそれにふさわしい倫理的な配慮が必要なんだという考え方をしなければいけないと私は考えます。したがって、人工意識をもつ人工物というのは、それが人間と同じようなレベルの生き様を示すのであれば、人間と同じように人権を認めざるを得ないということになってくるでしょう。

現に私たちは、あるものが意識をもつかどうかによって、態度を変えています。特にあるものが痛みを感じるかどうかが、そのものに倫理的な配慮をすべきかどうかの、少なくとも一つの重要な基準になっています。

渡辺　動物実験に関して、常に議論になっていますね。二〇二一年にはイギリス政府が、十脚甲殻類や頭足動物も苦痛の感覚をもつという調査結果をもとに、タコや大型のカニやエビを動物福祉法案の保護対象に追加しました。生きたまま茹でるのは非人道的ということになったわけです。動物も、ヒトのような複雑な意識ではないものの、動物それぞれの複雑さに合った意識を有していると僕は考えていますが、そのあり方が今後科学によってわかってきたら扱いが変わってくるかもしれません。

今後登場するであろう意識を有する人工物についても同様で、それがヒトのレベルの意識やヒトそのものの意識を宿している場合は、ヒト並みに扱わなければならないだろうと考えています。

信原　そういう意味では、単に意識をもつかどうかではなく、意識をもつことで身体や環境との関係のあり方がどうなっているのか。そこが、私たちがそれに対してどんな態度をとるかを考えるうえで重要だと思います。意識が重要なのは、それが意識をもつものの生き様を決める決定的な要素だからです。意識をもつものの生き様は、意識をもたないものの生き様（無生物であれば、存在様式）とは根本的に異なっており、それぞれのものにはその生き様（存在様式）に応じた適切な態度をとるべきだと考えます。

渡辺　生き様を考えるということは科学の議論ではなかなか出てこないので、とても興味深いです。僕は生き様のようなことを考えなくても、脳や人工物に意識が湧く仕組みがあれば意識は生じ得ると思っています。意識とはどういうものかという考えが、僕と信原さんで異なるからこそ、このように見解が分かれているわけですが、意識をもつ人工物が誕生したらどうするかという問題を立てる場合には、意識がどのようなものかということをしっかり議論することが重要だということがよくわかりました。

第四章
自己同一性とは何か

人格を決めるのは身体か、記憶か

信原　ここまで渡辺さんのマインドアップローディング構想を紹介してもらいました。この章では、機械にアップロードされる「自己」とはどういうものかを考えていきたいと思います。

肉体が滅びてもなおマインドアップローディングによって生き続けるためには、アップロードを試みる本人の意識が機械に移り、機械の中でその人がこれは自分だと感じる必要があります。つまり、アップロード前と後で同じ人だといえるかどうかという人格の同一性を考える必要が出てきます。

人格の同一性に関して哲学で議論されるときの代表的な二つの説として、「身体説」と「記憶説」があります。身体説の方は、身体が時空連続的であれば人格は同一だと考える説です。一方、記憶説は、身体ではなく記憶がつながっていれば同一だと考えます。

マインドアップローディングは身体を生体から機械に乗り換えるわけですから、身体説の立場をとると別人になります。記憶説の方を採用すると、記憶が連続していれば同じ人だということになります。

渡辺　まさにそのとおりで、記憶もきちんと機械に移植して初めてマインドアップローディングだと言えると考えています。意識が湧く機械を作り、生体脳半球につないで、機械脳に湧いた意識と自分の意識を統合する――これだけではまだ、マインドアップローディングではありません。

僕がもともと目指していたのは意識の解明だったわけですが、機械の中に湧いた意識を確かめるために、生体脳半球と接続して人工意識の主観テストを行うというプロセスがどうしても必要でした。そして、機械脳と生体脳の意識を統合できるのであれば、マインドアップローディングもできるのではないかと思いついたわけです。マインドアップローディングはあとから出てきたおまけと言えるかもしれません。もちろん本気で実現を目指していますが。

信原　渡辺さんの考える方法では、自覚的に思い出せない記憶も移植できることになりますが、これですべての記憶の移植が可能になるのでしょうか。

渡辺　余命宣告をされてから機械脳と接続するとすれば、いくらＢＭＩで刺激をしても、生まれてから死ぬ間際までのすべての記憶を移すことは不可能ではないかなと考えています。いったん接続したら死ぬまでそのままなわけですが、死ぬまでにどのくらいの期間が残されているか、そして記憶の移行にどのくらい時間がかかるかはわかりません。もちろん技術的な問題で移行できない記憶もあるでしょう。

たとえ、不完全な移植だったとしても、ＢＭＩでできる限りの記憶を移してあげて、自覚的に思い出せるような主要な記憶が移っていれば、同一人物だと思えるのではないかと思っています。それを社会的に、または哲学的にどうみなすのか、個人的には興味がありますが、実際には本人が納得すればそれでよしというか、死んで存在がなくなるよりはマシだと思える人が利用すればいいかなと考えています。

物体の同一性と人格の同一性の違い

信原　自己の同一性には、身体説と記憶説があると話しました。記憶が脳から機械に移されるとき、まず物理的な信号が脳から機械に伝えられ、その信号は機械という物的なものに支えられたデータとして存在することになります。それは、脳という物的なものに支えられて記憶が存在するのと同様です。つまり、どちらも物的なものに支えられています。

記憶を支える機械の中の物的なものを脳に相当するものとみなすなら、脳から機械への記憶の移送は物的なものから物的なものへの物的信号を介した移送ということになり、そこに身体（脳）の同一性を見ることは不可能ではありません。この場合、バイオ脳からデジタル脳への大きな身体変容が起こりますが、そのような変容も、身体的な同一性を保持した変容とみなすことは不可能ではないでしょう。私はむしろそのようにみなし、記憶の移送には、身体の同一性（物的なものの同一性）があるという考えをとります。

渡辺　哲学的には、身体と記憶と、どちらが人格の同一性に重要だと考えられていますか？

信原　伝統的に、哲学で議論されてきたのは、結局のところ社会的な人格の同一性であったと言えるのではないかと思います。人格すなわち自己ですが、その同一性をどのように設定したら一番社会が上手く機能するか、そういう観点から自己の同一性を定めようとしてきました。たとえば、重大犯罪を犯して死刑になった人が、刑が確定したあとに記憶を失って犯罪のことを何も覚えていない。そういう人を死刑にすべきかどうかという議論も行われています。
　マインドアップロードをしたい人にとっては、まずは主観的に見て人格が同一であると感じられるかどうかが重要な問題になります。そして、アップロードされたデータ環境の中で生を完結するのであればいいのですが、アップロードされた主体が人間として社会と関わりたい場合は、マインドアップロードされた人をどう扱えばいいのかを考える社会的な視点も必要になります。
渡辺　そうですね、サーバーの計算スピードなどを考えると、現実的には、いわゆる「現世」に降臨してアバターでやりとりするのはまだまだ未来の話になりそうですが、アップロード者をどういう存在だとみなすのかを考えてみることは面白いですね。人格の同一性について、哲学ではほかにどのような議論がありますか?

信原　まず物体の同一性と人格の同一性の違いという問題があります。物体には心がありませんが、人格には心があります。心のあるなしが同一性に深く関係するだろうということで、物体と人格の同一性は区別されて論じられてきました。

渡辺　物体の同一性といえば「テセウスの船」の思考実験が有名ですね。

用語解説　**テセウスの船**

ギリシャの英雄テセウスが船を所有していた。その船は壊れた部品を新しいものと交換しながら使われてきた。最終的に船の部品がすべて交換され、元の部品は一つも残っていない状態になったとき、それでも同じテセウスの船といえるのかどうかと問いかける思考実験。

テセウスの船は部品が全部入れ替わっても、やっぱりテセウスの船だと思います。僕たちの体も、原子レベルでは常に物質は入れ替わって同じものではないですからね。

信原　構成要素が次々と変わってもそれでもなお同一だといえるようなあり方、これを基準にした同一性の捉え方があり、船のようなものに関しては、私たちはそのように同一性を捉えているわけですよね。

しかし、心をもつ存在に関しては、テセウスの船のように、身体が原子のレベルで入れ替わりながら、それでも時空連続性を保っていれば、それで同一の人というふうに単純に言えるのだろうかという疑問も湧いてきます。たとえば、身体の時空連続性が確保されていても、記憶の連続性が失われている場合はどう考えるかという話ですよね。

私たちは日常的に、身体説と記憶説の両方をほどほどに案配しながらどちらも適用して生きています。社会的には記憶を失った人を別人として扱うことはありませんが、他方で、以前と別人になってしまったという思いを拭い去ることはできないはずです。

渡辺　フィクションの世界では、ぶつかった二人の人格が入れ替わるなんて話もありますが、実際には身体と人格はセットなわけで、日常的には身体説と記憶説のどちらが正しいかということを考えなくても過ごせているわけですね。

信原　そうなのです。しかし、それは理論的にいえば純粋ではないから、何とか純粋にしたいと哲学者は思ってしまう。しかし、純粋にしようとすると必ず常識的な考えに反することになりますね。

渡辺　そこが哲学の面白いところだと思います。

信原　はい。そこが面白いところでもありますし、常識も絶対に守らなければいけないものではないわけです。常識も社会とともに変わっていきます。マインドアップローディングが可能になった社会では、それこそ、自己とは何かということが根底から変わる可能性があります。人格に関しても、記憶か身体かだけでなく新しい定義が必要になるかもしれません。

なぜ青虫から蝶に変わっても同一だといえるのか

渡辺　フェーディング・クオリアの思考実験の場合は、連続性があるので、ニューロンがすべてシリコンチップに置き換わったあとでも人格は同一だと考えられますよね。

信原　はい、フェーディング・クオリアの場合は、それで問題がありません。ただ、同一性を語るうえで連続性について考える必要はありますが、必ずしも同一性と連続性はイコールではありません。連続性は同一性の必要条件ではありますが、十分条件ではないからです。自己の連続性は保てるけれども、同一性は保てないといったマインドアップローディングの方法もあり得ます。

渡辺　連続性は保ちつつ同一性は保てないというのは、どういった例がありますか？

信原　いわゆる変身の可能性ですね。例えば猫が犬に変身するということが可能だったとして、猫と犬の間には物的な時空連続性がありますし、猫である間は猫の同一性が保たれ、犬である間は犬の同一性は保たれています。しかし、猫から犬に変身するところで同一性は切れてしまう。つまり、変身することによって、同一の個体ではなく別の個体になると考えられます。もしそうだとすると、物的な時空連続性があるからといって、同一性が保たれるとは限りません。

渡辺　猫が犬になることは実際には起こりませんが、青虫が蝶になるという例ではどうですか？　さなぎの中でいったんドロドロに溶けて作り直されるわけですが。

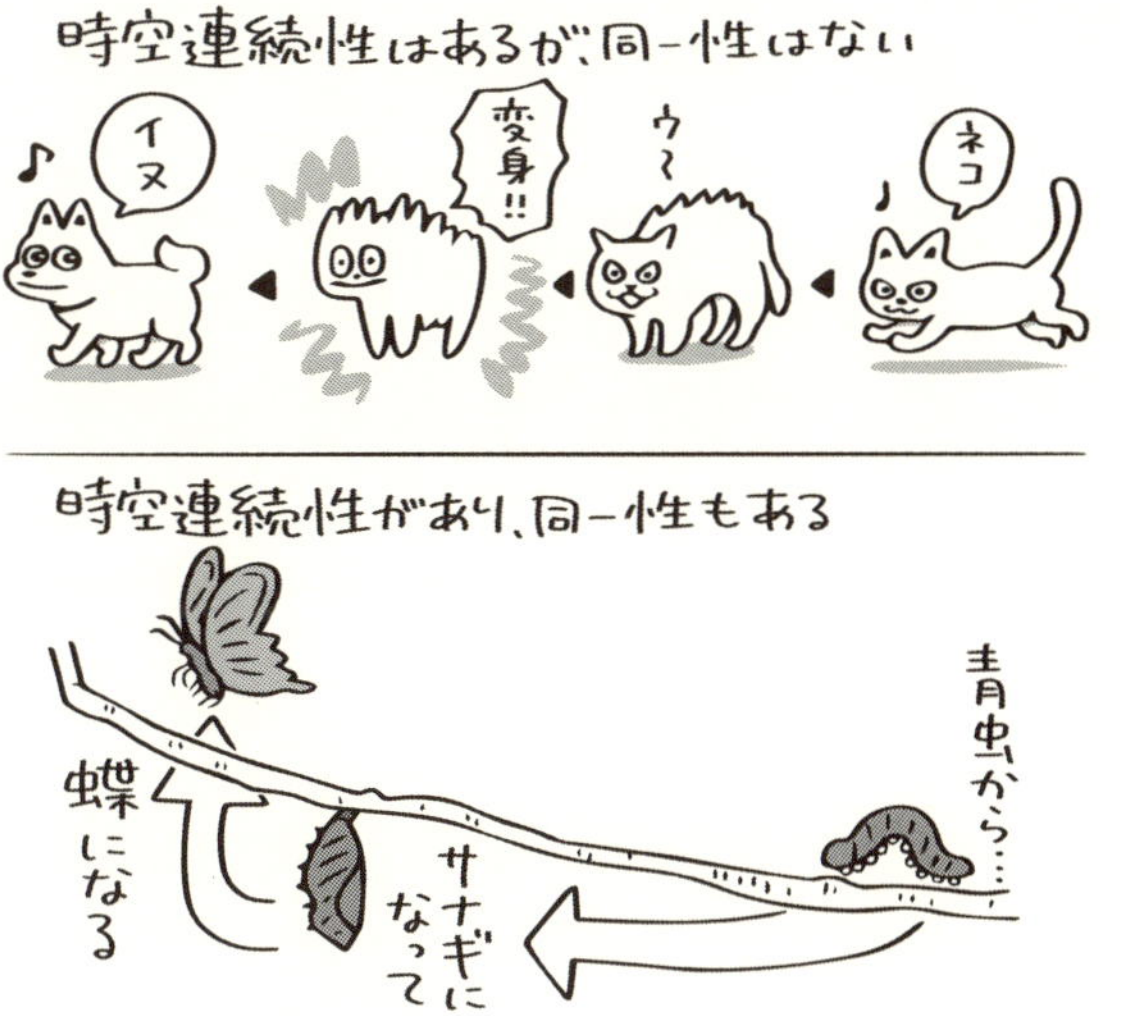

信原　その場合は、我々の社会に、青虫が蝶になるような、そういう変化のあり方を含んだ同一性概念が設定されていると考えます。つまり、猫が犬になるのは同一性が保たれないが、青虫が蝶になるのは同一性が保たれるという、我々の日常的な同一性の捉え方があるわけですね。

　人間の場合でも、ひとりの人間が赤子から老人まで姿を変えて生きていくわけです。赤子と老人では見た目も精神もかなり違うあり方をしているわけですが、それでも同一の人物だとみなしているのは、人間はそういう変化をするものだと社会が考えていて、その範囲の中に納まっているから、同じ人間だと考えるわけです。
渡辺　やはりこれも第三者的に見て、という話になりますね。
信原　はい、青虫が蝶になっても自分のままだと主観的に思うのかどうかはわかりません。
渡辺　そもそも青虫が意識をもつのかも不明ですしね。しかし、猫と青虫の話をふまえると、生体から機械へ意識をアップロードするのが常識になった社会では、当然、アップロード後の人格も認められますが、そうでない社会の場合は、もしかしたら、いくら本人が自分はアップロード前と同一人物だと主張しても認められないといったことも起きるかもしれないですね。

機械の中で目覚めたときに自分だと思える条件

渡辺　ところで、アップロードされたときに主観的に自分だと思えるにはどういった条件が必要なのか、ということも考えてみたいと思っています。

たとえば、僕がよく例に挙げるのは、死後脳の読み取りによるアップロードの例です。アップロードを希望する人の死後に脳を取り出し、その脳を精密にスキャンしてコンピュータの中に再現したとします。第三章で述べたように、技術的には個性や記憶を保持しているシナプスの重みづけまでを完全に再現するのは無理だと考えていますが、それも仮にできたとしましょう。そうしてコンピュータの中で再現された脳に意識が宿ったとして、それは自分だと思えるかといったら、そうは思えないのです。もちろん機械の中の意識は、これまでの記憶を引き継いで、自分が無事目覚めたと思うわけですが、アップロード前に存在していた「私」は消えてしまいます。

そもそも死なないと脳を取り出せないので、死にたくないという僕の一番の希望を叶えられないわけで、実際にはこの方法を採用することはないのですが。

信原　そのケースの場合は、死後に復活したというふうにも捉えられるでしょうね。ある宗教の教えのもとに死後の復活を信じている人は、意識は肉体が滅んでも存続し続けると信じていますから、死んでも意識は途切れず自己は存在しています。しかし、脳やそれと同等の機能をもつものに意識が湧くと考える場合は、脳が停止したら意識は途切れます。そこには連続性がありません。私のような機能主義者や渡辺さんにとっては自己は存続しなくなるわけです。

渡辺　「スワンプマン問題」に似ていますよね。たとえ、構成要素がすべて同じだったとしても、スワンプマンは連続性がないので他人です。

用語解説

スワンプマン（沼人間）の思考実験

あなたがある沼にいたところ、落雷が直撃して木っ端みじんになってしまった。しかし同時に沼にもう一つの雷が落ち、奇跡的にあなたと物的にまったく同じ人間が生まれた。この沼から生まれたスワンプマンはあなたと瓜二つだが、あなたとの連続性を欠き、あなたの歴史を引き継ぐわけではない。

信原　そうですね。スワンプマンは、オリジナルの人の物的基盤を引き継いでおらず、偶然できただけなので連続性がありませんから、同一人物とはいえません。

渡辺　物的基盤を引き継ぐというのは、どういった意味になるでしょうか。たとえば、テセウスの船にしても、体の細胞にしても、まったく同じ物質ではないですが、同じ役割の物質に置き換えられています。しかし、たとえば僕のアップロードの方法では、生体脳と機械で素材も形も違いますし、フェーディング・クオリアのように一つずつ置き換えたわけではありません。それでも物的基盤は引き継がれているといえるのでしょうか。

信原　はい。これは私の機能主義的な考えですが、もし脳をスキャンして機械に再現することができたとしたら、それは脳という物的基盤のデータを物的信号を介して機械に移したということですから、引き継いでいるといえます。渡辺さんの方法では、機械脳と生体脳の意識を一体化したあとに、記憶を機械の方へ移していくわけですから、生体脳の物的基盤を引き継いでいるといえるわけです。

渡辺　なるほど。では、もう一つ質問をしていいですか？　スワンプマンの思考実験のポイントの一つは、スワンプマンが誕生した瞬間に元のオリジナルは死んでいるところです。もし同時に存在してしまったら、それは明らかに別人となるわけですよね。

僕の方法は、意識のアップロードと言っていますが、実際にはオリジナルの生体脳の記憶が機械脳の中に同期されていくわけです。死ぬまで生体脳半球と機械脳半球をつないでいれば、生体脳の寿命が尽きたときに、機械脳だけで自分が成立することになり、アップロードが完了します。これは、脳卒中などで脳の一部が使い物にならなくなったときに、使い物にならなくなった部分とともに意識が消失したりしないことをふまえると、生体脳が死んだときには機械の中に意識が完全に移行すると考えられるからです。

ここでもし、生体脳が死ぬよりも前にBMIのスイッチを切ってしまったらどうなるでしょうか。スイッチを切ると、コンピュータの中には独立したデジタルコピーが生まれます。

信原　その場合は二つの人格が存在すると考えるでしょうね。

渡辺　一日前に切った場合もですか？

信原　はい。

渡辺　技術的プロセスとしては一日待つか待たないかというだけの違いですよ。それだけの違いで、片やこっちは同一人格だけれど、片やあちらは同一じゃないというのは、やはり言葉遊びのように思えてしまいます。
信原　一日でも分かれてしまった以上、それらは異なる体験をしていくわけで、それらを元の人格と同一だとしてしまうと矛盾が生じます。やはりそれぞれ一つの別の人格と見るのが、今の我々の人格の捉え方だろうと思います。
　しかしこれはあくまでも第三者的な視点です。死ぬ前に切り離したときに、主観的にどちらを自己だと認識するかはわからないわけです。
渡辺　主観的には無事、機械の方に意識が移行できて、自分の死にゆく体を他人事のように見守っているという可能性もあるわけですね。
信原　はい。ただ、そのときに周りにいる人たちが、生体の渡辺さんと機械の中の渡辺さんのどちらを本物の渡辺さんだと思うのか。自分の方が本物だと機械の中から渡辺さんは主張するかもしれませんが、生身の渡辺さんも自分の方が本物だと主張するかもしれません。
渡辺　死の間際にそんな面白いことになってしまうと、遺族も落ち着いて悲しめませんね（笑）。

信原　もちろん、アップロードをすることは事前にわかっていたわけですから、機械も生体も、両方とも本物の渡辺さんだとみなすような自己の同一性を新たに設定することは可能です。
渡辺　設定するにしても、事前に考えておかないといけませんね。
信原　そういった意味でも、やはり主観だけでなく客観的な人格の同一性を議論しておくことは重要であると思います。

自己の劣化をどこまで許容できるか

信原　少し前に渡辺さんが、完全には記憶を移植できないが、それでもいいという人だけがアップロードされればよいと言ったのが興味深いと思いました。自己の同一性が身体ではなく記憶で担保されるのだとしたら、不完全にしか記憶を移植できない場合は、機械の中の自己は、もともとの自己に比べて劣化した自己となります。

私はマインドアップローディングにおいて、自己の同一性を確保することがきわめて重要だと考えていました。自己の同一性が保たれないなら、アップロード者は元の自己と同じ自己ではなく、元の自己は消滅してしまい、アップロードしてもほとんど意味がないだろうと思っていたのです。しかし、渡辺さんの話を聞いて、自己同一性を確保できなくても、自己と時空的に連続した存在となるなら、アップロード者になることには十分意義があるのではないかと思えるようになりました。

渡辺　死んで存在がこの世から消えてしまうよりはマシでしょうという、ちょっと乱暴な物言いにはなりますが。少なくとも僕にとっては、死を回避するということが何より重要なのです。子どものときから死の恐怖にとらわれてきました。死に至る過程で苦しかったり痛かったりすることが怖いというよりは、死んで自分の存在がどこにもなくなってしまう、そのことが怖かったのです。

できれば僕も劣化していない自己でアップロードされたいですが、普通に生身で生きていても人は変容していきます。少し変容した自己だったとしても、存在がなくなるよりは、それなりに面白い人生を送ることができるだろうと考えています。

信原　自己同一性の問題の第一人者と言っていい哲学者デレク・パーフィットは、分裂した二つの自己が元の自己との同一性に関してまったく同等に主張できるような分裂（自己の対等分裂）において、同一性は成立しないが連続性は成立するとし、重要なのは連続性だと主張しました。たしかにそのとおりかもしれません。

同じ「私」であり続けるなら、劣化版でもかまわない。いや、それどころか、自己の同一性なんていらない、連続性さえあればよいと思う人さえいるかもしれません。たとえばテクノロジーによって人体改造を施し、新しい能力を手に入れるトランスヒューマンの可能性を追究する人たちは、人間という存在からもはや人間でない存在へと変身しようとしています。これもまた連続性は保とうという考え方だと見ることができます。

渡辺　脳梁にBMIを埋め込むことも、トランスヒューマンの一種と言えますね。BMIを埋め込むだけならまだしも、機械にアップロードされデジタル存在となったものは、人間だと言えるかどうか、ちょっと怪しいですね。

信原　人間であるものが人間とは別の種（生物種であれ、人工的な種であれ）に変化すると、通常の哲学的見解では、もはや同一性は成立せず、別の個体になるとされます。

しかし、それでも、時空的な連続性は存在するし、そうであれば、たとえ別の個体になるとしても、そのような変化は必ずしも無意味とは言えないように思われます。

　自分の子孫は自分とはもちろん別の個体ですが、それでも子孫を残すことは、自己の存在という観点から重要な意味をもつと考える人は多い。そうであれば、自分の身体と時空的に連続した別の個体になることは、自己の存在という観点からは、子孫を残すこと以上に大きな意味をもつのかもしれません。

　マインドアップローディングは、少なくとも一部の人にとって、抗し難い魅力がある技術だと思います。

渡辺　僕は死にたくないので、何が何でもアップロードされたいですけどね（笑）。

　信原さんはいかがですか？

信原　いいえ、私はまったくアップロードされたいと思いませんが（笑）。

第五章

アップロードで根本から変わる「人間」のあり方

「避死」の技術

信原　渡辺さんの考えるマインドアップローディングは、死が介在しない方法ですよね。もうまったく、どこにも死を見つけようがないというくらい、死なない方法だというふうに私は思っています。

渡辺　そう言ってもらえるとありがたいですね。そこが僕の一番のこだわりポイントです。ただ、不死の技術と言ってしまうと厳密には誤解があります。

信原　コンピュータが止まってしまうとか、地球がなくなってしまうなどの環境的な要因によっては、永遠に持続できるものではないかもしれないということですね。

渡辺　はい。また、不死というと死にたくても死ねずに強制的に永遠をさまようといったイメージを与えてしまいます。それで、最近では「避死」の技術と説明しています。アップロード後に死ぬこともできるわけです。

不死は嫌だが、避死ということであればアップロードをしたいという人は多いだろうと思っていたのですが、意識研究会でマインドアップローディングをやりたい人に挙手してもらったら、四分の一くらいの人しか手を挙げませんでした。興味がある人たちが集まってもこの割合ですから、一般の人ではもっと少ないでしょうね。

信原　どうやらマインドアップローディング技術では儲けられないということがわかったと（笑）。

渡辺　儲ける気はありませんが（笑）、研究資金が集まらないと困りますので、死を回避するというほかにもセールスポイントを考える必要がありますね。ちなみに僕の義父も、アップロードに興味がない派です。そのときが来たら仕方がないとか、現実が大変すぎるから早く楽になりたいとか、死なないというだけでは惹かれないようです。

僕はこれまで、アップロード後の世界がどうなるかということは、あまり考えてきませんでした。死にたくない、だからマインドアップローディング技術を成功させたい、そのためにどうするかということが第一の問題であって、成功したのちのアップロード世界がどうなるかまで手が回らないというか、率直に言うと、あまり興味がありませんでした。たとえるなら、火星に行きたくてがんばって技術を開発している段階で火星にトイレを何個作るかを聞かれているようで、「まだ考えていません」としか言いようがないわけですね。

しかし、僕のように死にたくなくて、死をいったん回避するためなら、とりあえず、どんな条件でもいいからアップロードされたいという人は、かなり少数派です。みんな、トイレが十分にあるかどうかがわからないと、アップロードされたいかどうか判断できないわけです。

どのようなアップロードならされたいと思うかについて研究会でいろいろ意見を交わしたことは、とても貴重な経験になりました。

アップロード者は大往生できない？

渡辺　信原さんはマインドアップローディングをされたくない派ですが、それはアップロード後の社会がどのようなものだったとしても揺らがないわけですか？

信原　そうですね。

渡辺　それはなぜでしょうか？

信原　大往生したいからですかね。

渡辺　大往生ですか（笑）。それは、どういうことですか？

信原　生ききったと感じて安らかに死ぬということです。そういうことが本当にできるのかどうかわかりませんが、生物的な身体で生きることで、そういう死が訪れるのではないかと信じています。これは、信じているとしか言いようがないのですが。

人生というのは、自分を主人公としたひとつの「物語」だと捉える考え方があります。物語には始まりと終わりがあって完結する、そのような物語があって初めて、人生の意味があるかないかといった評価が可能になるわけです。そういった枠組みで考えると、不死というのは終わりがないので、物語ではなくなる。つまり、不死になると、物語であることの価値が失われます。

渡辺　なるほど。それで思い出すのは、スティーブ・ジョブズが、毎日を人生の最後の一日だと思いながら生きていたという有名な話です。彼は二〇〇三年にすい臓がんの診断を受けます。そのときは手術で摘出可能ながんでしたが、最も死を身近に感じたとスピーチで話しています。死の恐怖を意識できていたからこそ、些末なことにとらわれず、自分にとって本当に大切なことに力を注ぐという生き方ができたわけですよね。

信原　ジョブズの生き方は、本人の心の底はわかりませんが、少なくともジョブズに憧れる人たちから見たら、大往生だと思われています。しかもそれは、死という終わりがあったからなし得たと、渡辺さんも多くの人も考えていると思います。

生身の身体なら、そんなふうに生ききったのち、命はおのずと尽きるはずですが、マインドアップローディングをしてしまうと、生ききったとしても命が尽きないようなあり方にさせられてしまう。そうすると、生きる意味が失われてしまうのではないでしょうか？

渡辺　生きる意味が失われるなんて、ディストピア的な未来しか見えませんね。僕としては、マインドアップローディングのメリットを宣伝して、利用してくれる人を増やしたいわけですが、困りました（笑）。

たとえば、大往生の確率を上げるためにマインドアップローディングをしてみるのはどうでしょうか。世の中はジョブズのような立派な人ばかりではありません。多くの人は、自分の人生の意味や、自分のなすべきことが何かをわからないまま、死んでしまいます。また、自分のなすべきことが見つかって、それに向かって頑張っている人でも、道半ばで事故や病気で死んでしまうことはよくあります。そういうときにマインドアップローディングという手段があれば、ひとまずは死を回避できる。生身の身体をもって生きている世界をデジタル世界に対してバイオ世界と名付けるとしたら、バイオ世界で大往生し損ねたからデジタル世界で大往生を目指す、といったことができるようになります。

信原　そうすると、デジタル世界にも死を設定しますか？

渡辺　そこはお客様のニーズ次第ですね……というのは半ば本気で半分冗談ですけれど。いったん回避した死を今度は設定するのかどうかというのは、大変な問題です。死をどうするか、もしくはどうあるべきかを考える必要が出てきます。個人に任せるのか、共同体としてのルールを決めるのか。また、個人に任されたとして、自分で決めない限り死が訪れないのだとしたら、それはどういう生をもたらすのか。

　これまで思考実験の中だけで語られていた「不死」というテーマが、実際的な問題になるわけです。

　意識研究会でも、自分ならどうしたいか、さまざまな意見が交わされましたね。私が興味深いと思ったのは、死の過程をつぶさに観察できるのなら、マインドアップローディングをしてみたいという藤野正寛さんの意見です。認知心理学的手法やＭＲＩなどの実験装置を用いて、洞察瞑想の心理・神経メカニズムの解明を目指している藤野さんならではの視点だと思いますが。

信原　仏教の僧は、自分の死のプロセスをすべて見つめていくことを目指して瞑想の修行をしているという話でしたね。

渡辺　普通、制御を失った死ぬ間際の脳では、自身の体に起きる変化をつぶさに観察していくような高度なことをするのは難しい。恐怖や混乱にも襲われて冷静ではいられないでしょう。だからこそ、仏教僧は修行をするわけです。しかし、生体脳半球と機械脳半球が接続された状態なら、生体脳が機能を失っていっても機械脳で記録していくこと

ができます。

信原　確認ですが、機械脳半球と生体脳半球の意識は、二つ合わせて全体で一つの意識になっているわけですよね。自分の死を体験するというよりは、自分の脳の一部が動かなくなっていく体験をすることになるのではないでしょうか。

渡辺　通常はそうなりますね。しかし、そこもまた設定次第です。もうすぐ生体脳が力尽きそうだというときに、機械側の脳からの入力を止めておけば、生体脳の消えゆく意識をぎりぎりまで味わうことはできそうです。そんな危険を冒したくないという人は、死ぬ間際の生体脳の反応のコピーをとっておいてあとからそれを味わってもいいかもしれません。
仏教僧が修行で目指していることがマインドアップローディングによって可能になってしまったら、仏教はどうなってしまうのか興味があります。仏教に限らず、すべての宗教は、「避けられない死」という土台の上に立脚しています。マインドアップローディングが実現したら、その土台がひっくり返るわけです。宗教というものが、根本から変わってしまうような気がします。

なぜ死が怖いのか

信原　渡辺さんは、なぜ死が怖いのでしょうか？

渡辺　僕からすると、逆に、なぜみなさんは死が怖くないのかと聞きたいくらいです。なぜなのかはわかりませんが、どのように怖いのかを説明することはできます。
僕が怖いと思っているのは、事故にあったらどうしようとか、病気の末期の状態は苦しいだろうかとか、自分が死んだら子どもと妻はどうなるだろうとか、そういうこともちろんありますが、それだけではなくて、存在が消滅することに対する恐怖です。僕という意識をもつ存在が、この世界から永遠になくなってしまうとは、いったいどういうことなのか。その瞬間を想像すると、何とも言えないざわざわした気持ちになります。理屈では説明できない本能的な恐怖を感じます。

マインドアップローディング技術が実現すれば、肉体の死とともに意識も消滅することは避けられます。人が肉体の寿命を超えて「生きて」いくことができるようになります。意識を作り出しているコンピュータが壊れたら消滅してしまいますが、バックアップをとって「身体」を乗り換えていけば、何万年先とか、想像力の及ばない範囲まで生きることは可能になります。ですから、厳密には不死とはいえないとしても、実質的には不死のようなものです。

もちろん「設定」次第で、デジタル世界に老化や死を存在させることもできます。そういう設定をした方がいいかどうかを考えるためにも、ずっと生き続けるとはどういうことなのかを考えてみたいと思いました。

哲学の世界では不死について、どのような議論が行われているのですか？

信原　不死は望ましいか望ましくないかという議論はあります。不死を望ましくないと考える論者の代表的な理由は、永遠に生きると飽きてしまうから、ということですね。どんなに面白いことでもずっと体験していると飽きてくるし、間にほかの体験を挟んだとしても、反復しているうちにやっぱりいずれ飽きるだろうと。不死は必ず退屈を生むから、不死は望ましくないというわけです。

一方で、それに反対する立場の論者もいます。彼らは、人間は永遠に喜びを得ることができると考えています。飽きるということは必ず回避できるというのですね。

哲学者バーナード・ウィリアムズは一九七三年の論文で、不死の生はわれわれにとって必ず退屈なものとなると断じました。私たちはどれほど多くの楽しみをもっていたとしても、永遠の時間の間には必ずそれらを十分に堪能して退屈するときが来る。すなわち、永遠は一切の価値を無化するのです。したがって、不死の生においては、私たちがすべてに関心がなくなり、すべてに退屈するときがやってくる。そのときには、もはやそれ以上生きたいと思わず、むしろ生を終わらせることを望むであろうと主張します。

一方、ウィリアムズが想定する楽しみを「自己枯渇的」なものとし、私たちの喜びにはそれ以外の反復可能なものもあると論じたのがジョン・マーティン・フィッシャーです。飽きることのない反復可能な喜びがあるというフィッシャーの考えには希望を感じますが、その一方で、このような主張は結局のところ、永遠の長さを甘く見すぎているのではないかと私は思います。

渡辺　数十年、数百年くらいなら飽きずに反復できるかもしれませんが、それ以上となると、ウィリアムズの言うとおりかもしれません。僕も死は回避したいですが、永遠に生きたいとは思いません。のべ数千年くらいで十分ですね。

多くの人が望むのは不死ではなく、死の恐怖を避けること、つまり避死なのではないでしょうか。とはいえ、ただ避けるだけでいいのかという問題もあります。人生に死の恐怖が存在することにも、一定の効能がある気がします。

信原　もし、死の恐怖が人生を善いものに変えるのなら、アップロード後の世界にも死を設定する必要があるのかもしれませんね。人生の意味という価値が失われてもなお、不死の方がよいといえるような「不死の価値」を見いだせたら、不死は望ましいといえるかもしれません。

渡辺　どれだけ退屈だとしても死ぬよりはまし、そう思えるほど、死の恐怖が大きかったらいいのかもしれませんね。しかし、そんな死の恐怖に怯えながら生きるのなら、アップロードされた甲斐がありませんね。

信原　ですから、アップロード後の世界に死を設定する場合も、どういう死が望ましいのかというような問題も考える必要が出てきます。バイオ世界では死んだら意識は消滅してしまいますが、デジタル世界では自分の意識を人類の共有意識と融合させるというようなあり方も考えられるかもしれません。

「物語的自己」を生きる

渡辺　先ほど信原さんが大往生の話題のときにおっしゃっていた、人生というのは自分を主人公とした一つの物語だという考え方をもう少し詳しく聞きたいと思いました。

信原　人生は、過去を想起し未来を展望しながら、現在を生きるという仕方で、自己の物語を紡ぎ出していく営みだとみなすことができるという考えですね。

渡辺　それはどんな人生でも物語であることには変わりはないということですか？　それとも物語と呼べるような人生とそうでない人生があるんでしょうか？

信原　すべての人生は物語だというふうに考えて、そのうえで、ウェルビーイングな物語とそうでない物語という区別をして考えようとしています。

用語解説　ウェルビーイング（well-being）

人生の「善いあり方」という意味で、個人の心身の状態や人生のあり方が満足感、幸福感、人生の意味に基づいて評価される。肉体的健康だけでなく、精神的・社会的な要素も含む。ウェルビーイングは、個々の価値観や文化によって異なる場合があるが、一般的には自己実現や人間関係、生活の充実感などが重要視される。

ウェルビーイングとは何かと聞かれたら、私は「人生の善いあり方」と説明しています。その実態が何なのか、つまり個々人や社会にとって、どういった人生のあり方が善いあり方なのかということは深く考えていく必要があります。ウェルビーイングな物語というのは、欲求を満たすということだけでは必ずしも定義できません。欲求を抱き、それを充足させることは、ウェルビーイングの一つの重要な側面だとは思いますが、人生の善さはそれに尽きるわけではありません。

渡辺　ウェルビーイングな自己物語を完結させる、すなわち大往生するために、必要な要素は何でしょうか。

信原　それは難しい問題ですね。パーフィットは一九八四年に、ウェルビーイングについての議論を「快楽説」「欲求充足説」「客観リスト説」の三つに整理しました。快楽説は、ウェルビーイングは個人の主観的な幸福感（快と苦）で決定されるという説です。欲求充足説は、本人の欲求が満たされることがウェルビーイングだという説ですが、単に主観的な満足感だけではなく、欲求を満たす事態が実際に成立しているという客観的な要素も必要です。最後の客観リスト説では、本人の主観的な幸福感とは独立して、かくかくしかじかの客観的な事柄が成立していればウェルビーイングだという一覧表（リスト）があり、それが実際に成立しているかどうかで決まるという考えです。たとえば、「健康な生活」はウェルビーイングに必要な条件として多くの人が賛同するはずです。

これら三つの説が挙げている要素は、意味のある人生にとって必要な要素だとは思いますが、それらがどのように組み合わさって、一つのウェルビーイングな物語になるかということは一概には言えないというか、それぞれ違うので、ほとんど何も言えないという感じになってしまいます。

渡辺　まとめますと、大往生とは、ウェルビーイングな人生を生ききったと思えることということですか？

信原　思えるということではなく、実際に生ききったということです。ウェルビーイングな人生を生ききった、それが大往生です。

渡辺　アップロードをしなかったとして、そういう状態が死の間際にちょうどよく訪れるものでしょうか？

信原　やりきって大往生を迎えて、それでも命が尽きなくてまだ生が残されているという状態になることはあるかもしれませんね。その場合は、一つの物語は終わったので、また次の新しい物語を紡ぎ出していかなくてはならない、そういうあり方にさせられるというところですかね。

　私たちは心の中で自分の過去を振り返ったり、自分の将来を展望したりして、自分がこれまでどのように生きてきて、これからどのように生きていくかの物語を紡ぎ出しています。このような自己物語において、過去・現在・未来を通じて同一の自己とされるのが「物語的自己」です。この自己は、物語が同じであるかぎり同一の自己ですが、物語が変わると別の自己になってしまいます。

渡辺　アップロード者になって、膨大な長さの生を意味のある生として生きていくために、何度も大往生しながら、いくつもの自己物語を紡いでいく必要がありそうですが、そうなると、物語的自己という考えからは別人になるわけですね。まるで輪廻転生ですね。

信原　想像するだけでも大変そうです。

渡辺　あまりにも疲れたり飽きたりしたら計算を止めて眠ります（笑）。そうしてまた一万年後とかに起こしてもらえたら、新しい環境の中でふたたび生きがいを見つけられるのではないでしょうかね。

肉体からの解放で精神の自由は得られるか

渡辺　生身の身体をもつバイオ的存在と、アップロード後のデジタル的存在の違いを考えたときに、一番大きいのはバイオ的な身体をもっているかどうかだと思います。僕たちは常にバイオ的な身体に囚われて生きています。身体が病気やけがをすると、思うような活動ができなくなります。死が訪れるのもバイオ的身体があるからです。また、日々の生活についても、身体があるからこそ、食事をしたり排泄をしたり眠ったりする必要があります。活動が制限されてしまうのです。

一方で、身体があるからこその喜びや楽しみといったものもあるわけです。

アップロードされてデジタル存在になると、身体から解放されるわけですが、身体がないのは不便だ、困る、ということであれば、シミュレーションによって身体を再現してアップロード前と同じように暮らすこともできます。

僕は、いったんはなるべくアップロード前の世界を再現するような方向でアップロード世界を設定し、そこから何が必要で何が不必要なのかを見極めていくといいのかなと考えています。

信原　プラトンは、たしかその著作の中で、死によって人間の魂が肉体の牢獄から解放されるというような内容のことを述べたと思いますが、肉体から解放されると精神が自由に活動できるという考えは、昔から根強くあります。マインドアップローディングによってせっかく身体から解放されたのに、シミュレーションで完全に再現してしまうのはつまらないと思う人もいるかもしれませんね。

渡辺　そうですね。病気になるとか、大きなけがをするとか、そういった苦しみからは解放されたいですね。食べる楽しみはあった方がいいから、お腹が空いたという感覚は再現してもいいけれど、食べなかったら飢えて苦しむといったことまで再現する必要はないですよね。

もちろん、さらに進んで、今の社会や人間のあり方とまったく違う形で新しい世界を一からデザインすることも可能です。ただ、僕たちの脳は地球環境の中で長い年月をかけて進化してきたものなので、その環境に近いものを再現しておいた方が、居心地が良い可能性は高いと思います。そこから徐々に変えていけばいいわけで。

設定次第で性別を変えることも、容姿を変えることも、容易です。能力値を変えることもできるでしょう。しかし、何でも自由に変えられるということでいろいろ変えていたら、だんだん何者でもなくなってしまうのではないかという意見が研究会で出ましたね。

信原　まさに『自由からの逃走』のような話が起こるかもしれません。社会心理学者のエーリッヒ・フロムは、自由になると人間は何をしてよいかわからなくなり、かえって自由から逃れようとすると言っています。

渡辺　自由というのは難しいですね。性別を変えてみたり、顔を変えてみたり、何度もいろいろ変化していると、最後はよくわからなくなって、個が溶けて集団意識のようなものになってしまうかもしれませんね。でも、たとえば、そんなふうに溶け込ませない仕組みとして、忘却を挟んでいくことは有効なのではないでしょうか。女から男になったら、女だった時間のことはだんだん忘却していく。それを続ければ、ずっと変わりながらも個は保てると思います。

信原　忘却を挟んで生き続けるあり方というのは、同一の自己が永遠に生きているのではなく、その忘却を挟んで、次の別の自己が誕生し生きているというふうに、私には思えてしまいます。そういうあり方が悪いというわけではないのですが、そういうあり方で、生ききって大往生するというのは難しいと思います。

渡辺　研究会では死を避けるだけでなく、肉体からの解放というメリットも加えて再度、アップロードされたい人の採決をとりましたが、人数は増えませんでしたね。どうしたらみんなアップロードされたくなるのかな（笑）。

信原　研究会で出た意見としては、アップロード者としてアクティブに社会と関わるつもりはないけれど、社会がどう発展していくのかを見守る存在になりたい、というものがありましたね。

渡辺　あれは面白いと思いました。それでよい人に対しては、アップロード費用を抑えた特別プランを用意しようと思います（笑）。

信原　哲学的には、世界に働きかけるのではなく、ただひたすら世界を眺めること、つまり観照（主観を交えないで物事を冷静に観察して意味を明らかに知ること）が最も理想的なあり方だというのは、たしかアリストテレスなども言っているひとつの伝統的な考え方なので、そのように考える人がいても、まったく不思議ではないですね。

アップロード者の欲望と理性をどう設定するか

信原　意識研究会では、アップロード者の欲望はどこから来るのかという話も出ました。バイオ的身体をもつ私たちは、欲望のほとんどを、バイオ的身体の必要性に迫られて抱くわけです。

渡辺　肉体を生存させ、子孫を残すために必要だった欲望は、アップロード後は必要なくなりますすね。しかし先ほども言ったように、アップロード後の世界はなるべく今の世界と同じものの方が快適だろうと考えているので、欲求もシミュレーションの設定で再現していくのがよいと思っています。

技術的には可能なはずです。もともと機械脳は人間の脳の構造をもとにしているので、感情や欲求を担当する脳部位や、それに応じて他の部位が働くといったコネクションも備わっています。生体脳と同じように、欲求を感じ、それが思考や記憶や行動に結びつくといったことがデジタル世界でも行われるでしょう。

もう一つ、そんなことが可能だと主張する根拠として、哲学者ニック・ボストロムが提唱した「シミュレーション仮説」を挙げたいと思います。

用語解説

シミュレーション仮説

人類が生きているこの世界が、すべて高度な文明によって作られたコンピュータシミュレーションである可能性を示唆する仮説。仮説を支持する理由の一つは次のとおり。高度なシミュレーションを作ることができる宇宙人がいたとして、その宇宙人の一部が知的生命体の住む宇宙のシミュレーションを作ったとしたら、シミュレートされていない生命体が住む宇宙よりも圧倒的に数が多くなる。よって我々人類はシミュレーション世界に住むデジタル生命体である可能性が高い。

その仮説によれば、僕たちはすでに、宇宙人によって作られたシミュレーションかもしれなくて、その可能性を否定できない。それなのに、今の生活をリアルに感じているのだとしたら、アップロード後でも同じことができるはずなんですよね。

信原　シミュレーションの内部にいる者は、自分がシミュレーションの内部にいることに決して気づくことができません。シミュレーションされた欲望だったとしても、当人の視点から見れば、それは本物の欲望だということになるでしょう。

ところで、欲望があるかないかが設定次第だとしたら、理性についても考える必要があります。欲望と理性の働きは不可分に結びついていて、欲望がなければ理性も正しく働かないというような関係があるのかどうか。私はそのような関係があると考えていますが、もしそうだとしたら、欲望をきちんとシミュレーションしなければ、理性の方もシミュレーションできないというような関係になると思います。

したがって、アップロード後はすべての変数を自由自在に設定できるというわけではなくて、変数同士の連関は守らなければうまくいかないというような、そういう整合性の要請がかかる可能性はあると思います。

渡辺　そうですね。

信原　ですから、肉体から解放されたら自由になると考えている人たちが夢見ているような、そういう精神の自由のあり方は、デジタル空間でも実現できないかもしれません。そういう精神のあり方自体が、実は、内部矛盾を含んでいるかもしれないということですね。

第六章

アップロード世界のウェルビーイング

途方もなく自由な世界の中で、どう生きるか

信原　デジタル世界では、自分の心、身体、環境を現実世界と同じにすることも、別様にすることもできます。すべては設定次第です。つまり、したいことをし、なりたいものになれるわけです。そうだとすれば、誰でも当然、ウェルビーイングになれるのではないかと考えてしまいます。とにかくウェルビーイングになるように、したいことをし、なりたいようになればよいわけですから。

しかし、何でもでき、何にでもなれるとき、人は何をしたいと思い、何になりたいと思うのでしょうか。何の制約もないところで、何かをし何かになることに、いったい何の意味があるのかという疑問が湧くわけです。何らかの意味が存在するためには、何らかの制約、つまり自分にはどうすることもできない何らかの「所与《しょよ》」がなければならないのではないか。いかんともしがたいことがあってこそ、そこで実現されることに意味

が出てきます。全知全能の神はそのような「意味」とは無縁だし、そもそもウェルビーイングとも無縁でしょう。

用語解説 **所与**
他から与えられること。特に、解決されるべき問題の前提として与えられたもののこと。

デジタル世界でウェルビーイングになるためには、そこでの所与を見いだす必要があります。

渡辺　デジタル世界にも何らかの制約や前提条件が必要だということですね。

信原　必要というよりは、すでにあると思います。デジタル世界は現実世界よりもはるかに自由ですが、それでも物質でできたコンピュータに支えられた世界である以上、何らかの制約があるはずです。アップロード者はデジタル世界の物的基盤に由来する制約を見据えて、その所与のもとでいかなるウェルビーイングが可能なのかを探索していく必要があります。
その所与のもとでウェルビーイングを見いだすことができれば、所与はつらい「縛り」ではなく、ウェルビーイングを可能にする「恵み」となります。

渡辺　途方もなく自由なデジタル世界ですが、そうであるがゆえに、かえってウェルビーイングを見いだすのが困難になってしまう。そんな皮肉な事態が起こるわけですね。
僕はアップロード後のデジタル世界も、今の現実の環境やルールを踏襲したものであるた方がいいと考えていますが、そうは考えない人もいるでしょう。しかし、ではどう変えるのがよいかということを考えると、たちまちさまざまな問題にぶつかってしまいます。

アップロード世界ではルソーの「自然状態」が可能になるか

信原　ジャン＝ジャック・ルソーは『人間不平等起源論』の中で、人間の理想的な状態として「自然状態」という考えを提唱しました。ただし、人間が集まって社会を作る以上、そんな状態は実際にはあり得ないし、作れるわけがないというのがルソーの考えです。

用語解説
ルソーの自然状態
文明が発達する前の人間は、社会的な組織や制度によって規制されず、各自が自分で自分の行動を決定し、自己利益を追求している状態であったとルソーは考え、その状態を自然状態と呼んだ。そういう自然状態の中でしか、人々は真に自由で平等に生きられないが、実際には文明の発達した社会でそのような自然状態は達成し得ない。

渡辺　ルソーといえば「自然に帰れ」と言ったとされていますが、むしろ「自然に帰れない」という主張なわけですね。
信原　はい。人間はひとりで生きているわけではないので、自分自身にだけ従う自然状態を達成するのは、個々の利益がぶつかりあって不可能なわけです。この自然状態が理想なのかどうかは議論の余地がありますが、とにかく自然状態が人間において可能ではないというのがルソーの議論の大前提です。

しかしアップロード世界では、その前提が変わる可能性があります。

渡辺　僕たちの今いるバイオ世界では、食料や資源が限られていますし、物を食べないと死んでしまうので、お金なり食物なりを得るために働く必要があります。たった一人でそれを行うのは難しいので、社会の一員として暮らさなくてはならない。そうすると、自分以外の意志にも従う必要が出てきますよね。

しかし、アップロード社会では食料や資源の制約は設定次第で、食べなくても飢えて死ぬことはありません。そういうあり方がいいかどうかはわかりませんが、同じ一つの社会で生きなくても、各自が自分の望む自分だけの社会を作って生きてもいいわけです。自然状態が不可能だというのがいったん取り払われてしまう。その状態で、自然状態が本当に理想なのかと考えることは面白いですね。

信原　ルソーの自然状態を理想的ではないと考えている人もいるのでしょうか?

もちろんいます。ルソーが想定している自然状態は、善悪の区別がない道徳以前の世界です。ですから道徳的に善い世界というわけではありません。もちろん道徳的に悪い世界というわけでもないです。道徳が成立していない、意味をなしていない、存在しないような状態です。それに対して当然、道徳的に善い社会の方がいいんだという考えもあるわけです。ルソーの自然状態というのは道徳以前だから、そんなの全然善い状態ではないんだというふうな主張ですね。

渡辺　なるほど。今の僕たちが道徳のない世界に放り込まれたら、他人に迷惑をかけられたりかけたりしない設定であったとしても、その世界がウェルビーイングに感じられるかどうかは疑問ですね。

ほかにも僕たちの脳の特性という観点から考えることができそうです。アップロード後はデジタル存在にはなりますが、その存在のもととなっているのは僕たちの脳と身体の仕組みです。進化の過程で獲得した脳の特性を考えると、人間は、集団を作って社会の中で生きる方が幸せを感じられる可能性があります。社会生活をすることで起こる不都合と、孤立することによる不都合のバランスが必要で、そうなると、たとえ食料などの問題がなかったとしても、ルソーの自然状態のように、自分自身にだけ従っていれば幸せというわけにはいかないかもしれません。

信原　そうですね。ルソー的な自然状態というのは、恵まれた環境があって、生きるために働くという必要が一切ない状態です。ルソーは、個人が生きるために必要だから社会を作るんだという考え方なので、環境が生きるのに十分だったら社会を作らないと考え、それを自然状態として想定しているわけです。

はたして、本当にそうなのか。デジタル空間ではそれが明らかになるかもしれませんね。

渡辺　労働からの解放という話と似ていますよね。ベーシックインカムが導入されて、労働から解放されたら、本当にそれで幸せになれるのか。ロボットが働いている横で、ずっと日がな一日ジュースでも飲みながら映画を見てるのが幸せなのかというと、人間の脳の仕組みからしてそうじゃないんじゃないかなと思います。

信原　私も一日中ダラダラして人が幸せになれるかというと、そうじゃないと思います。ベーシックインカムには賛成ですが、労働から解放されたときに、人間がそういうボーッとして生きるあり方になるかどうかは、検討の余地がありますね。

ただ、人間の脳の特性上、どうしても集団で社会生活を行わないと不都合が生じて、それゆえルソーの言うような自由なあり方にならないのだとしたら、脳の設定の方を変えてみようという話にもなるかもしれません。

渡辺 アップロード世界ならそれもできてしまいますしね。未来版ロボトミーみたいな感じですね。あまりいい喩えではないですが。

用語解説
ロボトミー
統合失調症などの精神疾患の治療のために、前頭前野の神経接続を切断する脳外科手術。一九三五年に開始され、有効な治療法がない精神疾患の画期的な治療法として脚光を浴び、一九四〇年代から五〇年代にかけて盛んに行われた。しかし術後の患者に感情の平坦化、思考能力の低下、意欲喪失、人格の変化などの重大な副作用が表れ批判が高まったことや、有効な薬物療法が現れたことで行われなくなった。

信原 しかし、それをしてしまうと、理性の働きなどもすっかり変わってしまうかもしれません。じゃあ、変えない方が望ましいということになると、やっぱり社会を作って経済活動もやりましょうということにもなるでしょう。そうなった暁には、共産主義か私有財産制か、どちらがいいでしょうかという議論に戻ってきます。

渡辺　自然状態もそうですが、哲学では、現実的にはあり得ないけれど対比して考えるために、アナザーワールドのようなものを想定して議論が行われてきたわけですよね。だけど、デジタル世界だと本当に実現できる可能性があるわけで、議論の質も変わってくるかもしれないところが面白いと思いました。

信原　デジタル世界はいろいろなあり方が可能なので、デジタル世界へとアップロードした人が、その暁にどのようなあり方をすればウェルビーイングになるのか、考えることはたくさんありますね。

分人を作って生きることはウェルビーイングか

信原　次に、「分人」について考えてみたいと思います。分人という言葉をどういう意

味で使うかということ自体も議論になるかと思いますが、要は自分のコピーですね。デジタル世界ではコピーを簡単に作り、自分を同時に複数存在させることも可能です。そのような自分のコピー、分人を一〇体や二〇体作ったとして、そうやってデジタル世界で生きていくことはウェルビーイングなのか、という問題ですね。また、そのような分人をもったときに、自己の同一性がどうなるのか。多重人格的になってしまって、自己の同一性が損なわれるのではないかという危惧もありますが、自己の同一性が損なわれても、それがただちにウェルビーイングを損なうということにはならないかもしれません。

渡辺　作家の平野啓一郎さんが『私とは何か』という本の中で、人間の人格は一つではなく、対人関係や環境によって異なる人格があるとして、その異なる人格を「分人」と呼んでいます。そのような、一つの体で複数の人格を生きるという意味では今も僕たちは分人をもっているわけですが、そうではなくて、デジタル空間では体も増やすことができます。異なる場所に同時に存在もできるわけです。

すでにこの物理世界でも、自分のコピーである分人を作ることで幸せになれないかという試みはありますよね。仮想空間上のアバターや、またはロボットアバターが代わりに仕事をしてくれて、自分は休暇に行くような……。

信原　内閣府のムーンショット目標1が、まさにそのようなことを掲げていますね。

渡辺　マインドアップローディングが実現する前に、このバイオ世界で先に、一人の人が複数の分人を使いこなすような世界になっていくのではないかと思いますね。しかし、そういった場合、もともとの能力や財力によって、複数の分人をもてる人ともてない人が出てくるでしょう。そうすると、能力格差や経済格差がますます広がっていくのではないかという懸念があります。

用語解説

ムーンショット目標

日本初の破壊的イノベーションの創出を目指し、従来技術の延長にない、より大胆な発想に基づく挑戦的な研究開発（ムーンショット）を推進する国の大型研究プログラムのこと。九つの目標を掲げ、目標１は「身体、脳、空間、時間の制約からの解放」と題し、次のようなサイバネティック・アバター生活の実現を目指している。

・二〇三〇年までに、一つのタスクに対して、一人で一〇体以上のアバターを、アバター一体の場合と同等の速度、精度で操作できる技術を開発し、その運用等に必要な基盤を構築する。

・二〇五〇年までに、複数の人が遠隔操作する多数のアバターとロボットを組み合わせることによって、大規模で複雑なタスクを実行するための技術を開発し、その運用等に必要な基盤を構築する。

一方で、資源などの物理的な制限のないデジタル世界では、作ろうと思えばいくらでも分人を作れるわけですが、みんなが好きなように作ってしまうと、社会は成り立たなくなってしまいます。そうなるとアップロード世界ではやはり分人は禁止、一人一体だけというルールを設けるのが妥当かな、という気がするのですが。
信原　分人自体を禁止するのではなくて、分人を作った方が有利になるといった競争性を、そもそも成立させないような共同体のあり方を考えるという道もあります。
渡辺　たとえば、共産主義というようなことですか？
信原　私はベーシックインカムが好きなので、デジタル版ベーシックインカムみたいなあり方を想定しています。分人が可能でもウェルビーイングが可能であるような、そうした社会の設定がどういったものかを考えていくわけです。
渡辺　社会の仕組みを考えていくこととセットなんですね。
信原　はい。このほかにも、分人を作るとしたら自律性をどうするかという問題もあります。分人に代わりに働いてもらおうと思っても、それをいちいち自分で操作しなくてはいけないのなら、結局自分が働いているのと同じじゃないか、ということになるわけです。だからといって、分人それぞれが自律性をもって勝手にやっていくのだとしたら、それはもう同一の自己とは言えないかもしれません。
渡辺　分かれたときから別の経験を積んでいくから、別の人格になっていくわけですね。

信原　そうですね。一つの人格から分かれた二人だからといって一つの人格と捉えられるというわけではない。その分かれた二つが、まさに一つの人格とみなせるような共同的なあり方をしているかどうかということが重要になります。

渡辺　共同的なあり方をしている分人とは、たとえばどのような形が考えられますか？

信原　まず、分人たちが緊密にコミュニケーションをとりあって、目標や思考を共有している形が考えられます。分人たちはそれぞれ別個の人格ではなく、全体で一つの人格となっていますので、これは共同体というあり方の中でも最も緊密な共同体、むしろ融合体とか統合体とか言った方がよいかもしれないようなあり方です。

意識の統合の可能性

信原　デジタル世界ならではの可能性として、各人の意識を統合した超意識体のようなものを構成して、個人としての生はもう、ある意味でなくなり、超意識体の一部として個人が存在する、そんな共同体を作るということも考えられます。

渡辺　研究会のメンバーの渡邊淳司さんが、各人の意識を一体化させて、また分かれるという共同体験をすることで、今の世界で祭りが担っているようなことを、さらに深い形で実現できるのではないかという話をしていたのが印象的でした。

祭りには、一種のトランス状態というか非日常の体験を共有することで、共同体のつながりを築いていくという機能もありますよね。意識を一体化して祭りをしてもいいですし、それぞれの視点で体験したものを共有してもいいですし。

淳司さんは、意識統合が平和の秘訣というようなことまで言っていましたけどね（笑）。

信原　たまに共有するのはいいかもしれませんが、私は統合されたくないですね。個の意識を失いたくないというのがその理由です。でも、統合されたいと言う人がいるときに、それはいけませんよと言うつもりはありません。

渡辺　僕も、まさに「エヴァンゲリオン」の人類補完計画のように統合されて溶けてしまいたくはないですが、でもアップロード後に幸せを味わう方法のひとつとして、たまに一時的に誰かと意識を共有してみるのもいいかもしれないと思います。
デジタル空間で意識の統合をときどき行うということであれば、ダンバー数の制約も外れるわけです。
ダンバー数の一五〇人ぐらいまでだったら、みんな直《じか》に知り合ってシンパシーを感じながら社会を成立させることができるけれど、より大きい人数を束ねようとすると、やっぱりカリスマ的な存在が必要になって、権力や宗教が発生して、貧富の差が激しかったり戦争が起きたりという、今の人類のどうしようもない状態になるわけじゃないですか。

用語解説 **ダンバー数**

人類学者ロビン・ダンバーによって提案された、人間が親密な社会関係を安定的に維持できるとされる人数の認知的な上限のこと。一五〇人という数字がよく提案されている。

アップロード社会では意識の統合もコミュニケーション手段として用いることができ

るとなれば、現在とは異なる社会が成立するかもしれませんね。

情動の「正しさ」

渡辺　研究会では本当にいろいろな意見が出ましたね。やろうと思えば何でもできるわけですし、他の人の希望とぶつかってしまう場合は、それぞれ別の社会に住むことも可能なわけです。

信原　基本的にはポジティブな可能性を皆さん見いだすようです。メタバースも「なりたい自分になれる」というキャッチコピーを唱えて宣伝していますし。

用語解説　メタバース

コンピュータ中に構築された三次元の仮想空間やそのサービスを指す言葉。アバターと呼ばれる自分の分身を作り、オンライン上の仮想空間でさまざまな活動ができる。

渡辺　なりたい自分になれるのは良いことだと思いますが、それに対する批判もありますか？
信原　そうですね。意のままにならないことがあるからこそ、人生は粋《いき》に生きることができるんだという論者が出てきています。
渡辺　粋ですか（笑）。
信原　哲学で「経験機械」という思考実験があります。経験機械は、どんな経験でも生み出すことができる装置で、それにつながれていると人はさまざまな経験をすることができ、そこからいろいろな情動を味わうこともできる。このような経験機械につながれて、実際には悲惨な状況にあるのにもかかわらず、経験機械によってポジティブな情動だけをひたすら経験するような人生を送ったとしたら、その人は幸せであろうかという問いです。
渡辺　まさに、映画「マトリックス」の世界ですね。人間は機械の電池代わりにされていて、現実だと思っていたのは機械が作り出したバーチャルなマトリックス空間だったという話ですね。あそこまで悲惨だと、目覚めたくなかったと思う人も出てきそうですが、一般的には、いくら幸せな経験ばかりできても現実が悲惨であれば幸せではないと思います。

信原　なぜ幸せでないと思うのかということは、情動のもつ性質から説明できます。

そもそも情動というものは、身体的反応をとおして世界の価値的なあり方を表象するという側面があります。さらに、それに応じて一定の行動を動機づけるという側面もあります。たとえば、何かを食べて快の情動を感じるとき、この情動はこの食べ物を良いものとして表象し、それをもっと食べるという行動を動機づけるわけです。

しかし、情動は単に状況の価値的なあり方を表象するだけではありません。その表象の正しさも求めます。快の情動によって良いものだと表象された食べ物が、実は体に害をもたらすと判明したら、次にその食べ物を見たとき、快ではなく不快の情動が生じ、情動の修正がなされるはずです。このように、情動は状況の価値的なあり方を正しく表象することを求めています。

経験機械につながれてポジティブな情動で満たされても、状況が悲惨なあり方をしていれば幸福だと言えないように思われるのは、その情動が正しくないからであり、情動が求める正しさの要求が満たされていないからです。

渡辺　確かに、第三者的に見ると、経験機械につながれて現実には悲惨な状況にいる人は幸せとは思えません。ただ、つながれている本人がそのまま、騙されていることに気づかず一生を終えたとしたら、主観的には幸せかもしれません。

信原　そうですね。しかし、アップロード者は、自分がバイオ的身体をもつ世界とは異なる世界にいて、自分の情動や経験がシミュレーションによって作られていることを知っています。

渡辺　アップロードした人が幸せだと思えるためには、アップロード後の世界もまた確かな現実だと認識できるかどうかが鍵になりそうです。そこで起こる情動や経験を本物だと思えるか。

そうなると、やはり、何でも叶えられる夢の世界というよりは、今の社会になるべく似た世界を作った方が、結果的にはウェルビーイングになるだろうと思います。

テクノロジーの明るい未来を描くために

渡辺　何でもありの制約のない世界のウェルビーイングを考えるのは、本当に難しいと思いました。無限の可能性があると思考停止になってしまいます。

信原　まさにそのとおりです。制約というのは、解決すべき問題を解くために与えられる条件（＝所与）です。何でもできるということは何にもできないことだともいえるので、ウェルビーイングというものがあり得るとすれば、何らかの制約のもとでしか考えられません。そこで、何とかして制約を見いだしてウェルビーイングを考えようとしますが、それは途轍もなく大変なわけです。しかし、重要なテーマだと考えています。

結局、アップロード者のウェルビーイングというのは、マインドアップローディングという技術が社会的に定着したらどういう社会になるのか、技術の未来ビジョンを示すという話になります。技術開発の段階で、そういう将来のビジョンを確定することはできませんが、それでも可能な限り未来ビジョンを描いて、どう開発していくのか、そしてどう定着させていくのかという議論をしていくべきだと思っています。

開発者自身が、そういうことまですべて考えなくてはいけないとは思いませんが、かといって、好奇心に基づいて開発するだけでいいとも思えません。税金などでサポートされている場合は、税金を払っている一般市民の側でも、その技術に関する未来ビジョンをしっかりと見定めて、望ましい技術だから開発してもらおうというような姿勢をとるべきだと思うんですけれども。

渡辺　開発者としては、専門的な情報をわかりやすく提供し、一緒に考える必要があるわけですね。

信原　はい。しかし、困ったことに、一般市民の未来ビジョンに対する関心というのは非常に低いようなのです。一般市民の関心の中心は、何か危険なことが出てこないかということであって、危険はないということさえ保証してくれれば、どういう良いことがあるのかについては、あまり関心がないという状況です。

渡辺　エルシーについて議論するときも、リスクの議論ばかりでは駄目だということですね。

信原　そうですね。しかし、現在はエルシーの議論をするときも、このケースではどういうリスクが生じるかということばかりで、どういうベネフィットが生じるかはほとんど問題にされません。

用語解説　**エルシー（ＥＬＳＩ）**
新たに開発される技術を社会で実用化するうえで生じる、技術以外の諸課題を指す言葉。倫理的・法的・社会的課題（Ethical, Legal and Social Issues）の頭文字をとったもの。

以前、ある科学技術についての市民へのインタビューを傍聴したことがあります。そのとき、リスクについてはいろいろな意見が出たのですが、ベネフィットについてはほとんど出てきませんでした。どうしてだろうと思ったのですが、どうも、ベネフィットについては、科学者を信頼しているようなのです。

危ないことがひょっとしたら生じるかもしれないから、そっちは気をつけなきゃいけないけれども、何か良いことをしてくれるということに関しては、科学者を信頼している。何か良いことがあるから開発しているんでしょうと思っているわけですね。でも、本当に自分たちにとって良いことなのかどうかはわからないはずなので、どうして疑問を抱かないのかなあと思うのですが……。

渡辺　需要は調べるものではなくて作るものだ、というようなことを言いますよね。だから別にメディアとか一般市民とか関係なく、人の一般的な性質として、他人の考えていることとなんか知ったこっちゃないというか。本当に何かが変わるとか、実物を見せてもらったときに初めて真面目に考えるけれど、誰かが適当に言っているだけだったら相手にしませんよ、というのは、やはり一般的な性質なのかもしれないです。

信原　そうだとすると、一般市民に未来ビジョンを期待するわけにはいかないということになりますよね。やっぱり、人文社会系の学者ですね。哲学者とか倫理学者とか、そういう人たちに、リスクだけではなくてベネフィットも語ってもらって、その比較考量から、この技術は確かに開発していいとかいけないとか、そういう議論をやってほしいですね。

渡辺　規制するだけじゃないエルシーですね。

信原　はい。リスクをみんなが考えて語るのではなくて、ベネフィットの方を考えて語ることを強化したいです。

もちろん、リスクを考えるのは重要です。リスクなんて考えたってしょうがないから考えないようにしようとか、技術が発達すれば何とかなるんだとかいうような楽観ではなく、当然リスクとそれへの対処は考えなくてはいけません。けれども、その技術に、多額のお金を投入して開発する価値が本当にあるのかということを、当然のことながら議論していかなくてはならないということですね。

渡辺　Apple のような企業は未来ビジョンをしっかり描いていますよね。

信原　はい。それをあまりやっていないのが、公的な資金によるいわゆる基礎研究の分野ですね。基礎研究者自身は、それをあまりやらなくてもいいのではないかと私は思っているんですが、やらなくてはいけないのにやっていないのが、政策担当者や人文社会系の研究者などではないかと思います。公共事業をやるときに、どれだけの未来ビジョンを描けているのかという話と同じですが。

渡辺　ムーンショットのプロジェクトも、どれだけ解像度の高い未来ビジョンが描けているのかというのが、実現の鍵になると思いますが、現在はそれを、開発を担当する研究者自身に描けと要求しているわけですよね。

信原　そこが問題だと思います。開発者だけじゃなく、その分野に関連する人文社会系の研究者こそが、未来ビジョンをちゃんと描いて、ムーンショットの研究開発がその未来ビジョンの観点から正当化できると思えば賛成し、正当化できないと思えば本気でつぶしにかかるようにしなきゃいけないと思うんですよね。

渡辺　面白いですね。僕としては研究を続けたいので、アップロード後の世界はこうなります、と何かを提示したいわけです。しかし、放っておくとディストピア的な未来を描くのが好きな人たちが寄ってくるので、意識研究会で、本気で幸せを追求できるのかということを真面目に議論させていただいたのは、すごく有り難い経験でした。

あとがき

本書を読み終えたみなさんは、大人同士の落ち着いた対談の様子を思い浮かべたかもしれない。しかし、実際のところ、現場はかなり殺伐としていた。福岡市博多区出身のバンド「ナンバーガール」のメジャーデビュー前夜、メンバーらがはるばる下北沢まで車を走らせて出張ライブをおこなっていた頃、渋谷系にどっぷりとつかった東京の軟弱なオーディエンスを相手に、彼・彼女らは殺すつもりでライブに挑んでいたらしい。かくいう私も、まさに殺すつもりで信原先生に挑み、先生もまた、神経科学の若造（とはいえ、五〇越えのおっさんだが！）を殺しにかかっていたのだろう。

二人の殺気が最高潮に達したのは、最初期の「意識の機能主義」を扱った対談の場だ。「脳の機能にこそ意識が宿る」との大枠については大筋合意していたが、最後の最後、なぜに「意識は機能を有する」ことになるのか、どうにも私には解せなかった。あの手、この手で先生を質問責めにしたが、当時の私の理解では、満足のいく回答はついに得られなかった……

そこから遡ること数ヶ月の二〇二二年九月、後述する「意識研究会」の裏の立役者である七沢智樹さんから、信原幸弘先生と対談しないかとの大変ありがたい話を受けていた。私自身、意識の哲学から多くを学び、その考え方を拝借してきたなか、その第一人者からお声がかかり、天にも昇る心地であった。しかも、私の提唱する「意識の科学への新たなアプローチ」とその先に見据える「意識のアップロード」についてはすでに太鼓判を押してくれているということで、有意義で建設的な議論になることが想像できた。

ただ、せっかく第一人者と議論させてもらうのだから、城の本丸へと攻め込むような、生命《タマ》の取り合いのようなものを期待してしまった。それゆえの殺気だったのだ。もちろん、日本人の性《さが》には逆らえず、お互いの人となりがわかってくるにつれ、「心の理論」（人それぞれが独立した心を持ち、それぞれに異なる形で世界を認識している、との認識）がキックインし、ガチンコ勝負の様相は鳴りを潜めていった。それと同時に、信原先生の掲げる意識研究会のモットー、「深淵なる意識の問題の面白さを日本全国津々浦々の人々に届ける」に沿って、機能主義の難しい箇所については、出版時にカットすることを決めた。

それが、本書構成を整える最終段に入り、対談本ならではの良さをもっと活かせないかということで、件の意識の機能主義の議論を復活させることになった。また、議論が平行線を辿ったままでは読者の納得感を得られないだろうということで、議論を再開させる運びとなった。

本書に収められているのは、この最後の対談をも含めた言わばハイブリッド版である。二年半にわたり、じっくりと議論を重ねてきたからこそその味わいがよく表れているように思える。私にとって特に興味深かったのは、普段、なかなかお目にかかれないような哲学者の本音が垣間見られたことだ。

哲学者は思索のみで戦うことを宿命づけられている。それゆえ、私たち自然科学者に比べて陣取りの要素が強いように思われる。思考の天才が所狭しとひしめくなか、自身の陣地を構え、その防衛に不退転の覚悟で臨まなければならない。必然的に、哲学者の数だけ陣地は築かれることとなり、論説空間は自ずと高次元化する。

そんななか、主要な次元（論点）については確固たる信念をもっているだろうが、副次的なものについては、論陣を張っている哲学者本人も実は思い悩んでいるのではないか、それを守り切るのは無理筋だと心の奥底で密かに認めているのではないか、と勘ぐっていた。

具体的な中身については本文に譲るが、意識の機能主義をめぐる最後の対談で引き出した信原先生の言葉、「これ（意識が機能を有すること）は美学的な観点といってもいいかもしれません」、「私自身も、意識は機能であるという機能主義の考えに心の底から完全に賛同して少しも疑ったことがないかというと、そうではありません」は、まさにそのことを物語っているように思える。長い付き合いを経て、哲学者としての硬い鎧をようやく外してくれたのだろう。

その点、自然科学者はお気楽な稼業だ。もちろん、論陣を張ったりもするが、主たる仕事は理論を構築して作業仮説を立てること、それを実験で検証することであり、張った陣地を死守する必要はない。自身が汗水垂らして紡ぎ出した科学的知見にしても、他の研究者が指し示したそれにしても、自陣を脅かすものがあらわれた時点でそこを引き払い、引っ越せばいいだけの話だ。

　ちなみに、私が意識には機能がないと主張するのも、一旦、その方が素直だというくらいのものに過ぎない。その存在を示唆する新たな実験的知見や明確な論理があらわれたなら、喜んで考えを改めるつもりだ。

　実のところ、私自身、意識には何らかの機能があるのではないかと思いを巡らしたことがあり、信原先生が言うところの美学的な観点はとてもよくわかる。意識などという立派なものに機能が存在しないのは、壮大な無駄に思えて仕方がないのだ。ただ、哲学的ゾンビ（意識がないのにもかかわらず、人と同じように振る舞い、すべての機能を発現する仮想的な存在）の概念は相当に手強く、意識の機能の具体的なイメージが一向にわかなかった。なにかを思いついても、哲学的ゾンビにも同様に備わりうるように見受けられてしまうのだ。ちなみに、信原先生にも意識の機能の候補について訊いてみたが、やはり、具体的なものは持ち合わせていないらしい。

　ここまでつらつらと哲学者と科学者の違いについて書き記してきたが、信原先生自身が本書のなかで、「ある立場を取ると、必ず、でも反対の立場の方が正しいんじゃないかというふうに思えてきます。そうじゃない哲学者は偽物ですね」と言われている。このことを含めて足掛け三年、ようやく引き出したものなのか、普段から言われていることなのか、私にはわからない。ひとつだけ、戦闘モードに入っているときには聞けなかった言葉であることは確かだが。結局のところ、哲学者と科学者の違いは私の勝手な思い込みで、たとえあったとしてもそれは程度問題に過ぎないのかもしれない。

だいぶ無理繰りな締めくくりで申し訳ないが、そんなこんなも含め、今回の対談は私にとって大変勉強になった。あらためて信原先生と、対談をセッティングしてくれた意識研究会のみなさんに感謝の意を述べたい。

まずは、意識研究会の設立時からの支援者である田村眞一さん。株式会社ネクセラファーマの創業者であり、莫大な個人資産を財団法人の立ち上げ時に寄付してくれた。深遠なる科学の問題について議論し、その成果を汎《あまね》く一般に広めたいとの思いから、昔、大学生のころに、一緒に読書会をしていた信原幸弘先生に声をかけられたらしい。

惜しむらくは、大往生派である田村さんと信原先生を最後まで死にたくない派に改宗させることができなかったことだ。意識の解明のための研究計画を一〇年スパンで遂行し、人工意識の実証実験に辿りつくには、数百億円の研究開発資金が必要となる。（その内訳や詳細については拙著『意識の脳科学　「デジタル不老不死」の扉を開く』をぜひお読みいただきたい。各種電子版で無料閲覧できる「プロローグ」部は意識の定義の副読本としてもおすすめ！）

次に、冒頭に登場した死にたくない派の七沢智樹さん。意識研究会の立役者であり、現在は、意識研究財団の理事長を務めている。彼からのフェイスブックメッセンジャーの連絡からすべてが始まった。

さらには、意識研の正規メンバーであるＮＴＴコミュニケーション科学基礎研究所の渡邊淳司さんと藤野正寛さん。信原先生と七沢さんと私を中心とするオンラインの対談が十数回開かれたなか、数度に一回の割合で実地の対談会を開いており、そちらの場で、独創性にあふれるすばらしい議論を展開してくれた（そのほんの一部が本文中に収められている）。

そして、とても可愛く、それでいながら、とてもわかりやすいイラストを描いてくれたヤギワタルさん。今後、様々な場で使わせていただきたい（もちろん、承諾を得たうえで！）。

最後に、小説家・サイエンスライターの寒竹泉美さんと編集担当の一ノ瀬翔太さんには目一杯の感謝の意を表したい。寒竹さんは、オンライン、実地を問わず対談に参加し、先述のとおり混沌と熱狂が同居し、決して一筆書きではなかった対談をとてもうまく取りまとめてくれた。一ノ瀬さんは、通常の編集業務に加え、深い愛情をもって様々なレベルでフィードバックをくれた。また、ハヤカワ新書は一ノ瀬さんが社内で始めたということで、一ノ瀬さん抜きでは、文字通り、本書は存在しえなかった。

こうして多くの方々に支えられ、素晴らしい本が完成した。手にとってくれたみなさんが、意識に興味を持ったり、デジタル不老不死に肖《あやか》りたい（大往生派も騙されたと思って、一度はアップロードされてみてもいいのでは?!）と思ってもらえたなら望外の喜びである。人類の新たなステージに向けて、ぜひ、お力添えいただきたい。

渡辺正峰

著者略歴

信原幸弘

1954年、兵庫県生まれ。東京大学名誉教授。専門は心の哲学。著書に『「覚える」と「わかる」』『意識の哲学』『情動の哲学入門』など、共編著に『シリーズ 心の哲学』全3巻、共訳書にブラックモア『意識』など。

渡辺正峰

1970年、千葉県生まれ。東京大学大学院工学系研究科准教授。専門は神経科学。著書に『脳の意識 機械の意識』『From Biological to Artificial Consciousness』『意識の脳科学 「デジタル不老不死」の扉を開く』など。

ハヤカワ新書 040

意識《いしき》はどこからやってくるのか

二〇二五年二月二十日 初版印刷
二〇二五年二月二十五日 初版発行

著　者　信《のぶ》原《はら》幸《ゆき》弘《ひろ》
　　　　渡《わた》辺《なべ》正《まさ》峰《たか》
発行者　早川　浩
印刷所　中央精版印刷株式会社
製本所　中央精版印刷株式会社
発行所　株式会社　早川書房
東京都千代田区神田多町二ノ二
電話　〇三‐三二五二‐三一一一
振替　〇〇一六〇‐三‐四七七九九
https://www.hayakawa-online.co.jp

ISBN978-4-15-340040-5 C0240

未知への扉をひらく

「ハヤカワ新書」創刊のことば

誰しも、多かれ少なかれ好奇心と疑心を持っている。

そして、その先に在る納得が行く答えを見つけようとするのも人間の常である。それには書物を繙いて確かめるのが堅実といえよう。インターネットが普及して久しいが、紙に印字された言葉の持つ深遠さは私たちの頭脳を活性して、かつ気持ちに余裕を持たせてくれる。

「ハヤカワ新書」は、切れ味鋭い執筆者が政治、経済、教育、医学、芸術、歴史をはじめとする各分野の森羅万象を的確に捉え、生きた知識をより豊かにする読み物である。

早川 浩